# 风力发电企业
## 现场应急处置

张勋奎　主编

中国电力出版社
CHINA ELECTRIC POWER PRESS

## 内 容 提 要

本书以提高风力发电突发事件应对能力为目标，总结提炼了多年来风力发电应对事故的经验，解决"临门一脚"的正确反应。从突发事件现场处置卡、现场处置方案、综合应急预案三个部分进行了重点编制。应急处置卡主要从火灾、人身伤亡、设备故障、自然灾害等四个部分编制了范本。现场处置方案从人身伤亡、自然灾害、公用系统、火灾与交通、公共卫生方面进行了总结。

本书是风电场管理人员及技术人员等有效的安全学习参考书。

**图书在版编目（CIP）数据**

风力发电企业现场应急处置／张勋奎主编． —北京：中国电力出版社，2019.5
ISBN 978-7-5198-3122-6

Ⅰ．①风… Ⅱ．①张… Ⅲ．①风力发电－发电厂－突发事件－应急对策 Ⅳ．① TM614

中国版本图书馆 CIP 数据核字（2019）第 078990 号

出版发行：中国电力出版社
地　　址：北京市东城区北京站西街 19 号（邮政编码 100005）
网　　址：http://www.cepp.sgcc.com.cn
责任编辑：宋红梅
责任校对：黄　蓓　太兴华
装帧设计：张俊霞
责任印制：吴　迪

印　　刷：北京瑞禾彩色印刷有限公司
版　　次：2019 年 5 月第一版
印　　次：2019 年 5 月北京第一次印刷
开　　本：787 毫米 ×1092 毫米　16 开本
印　　张：7.25
字　　数：133 千字
印　　数：0001—2000 册
定　　价：42.00 元

# 本书编委会

主　编　张勋奎

副主编　陈立伟　田新利　孙亚林　孟利平　吴　锐

参　编　王金山　王东辉　王大福　段向阳　周振百　迟凤臣

　　　　张海明　杨鑫磊　盛　旭　宋祥斌　刘昌华　韩德志

　　　　刘春雷　于润权　郭世勇　高长岳　曹占友　周亚强

　　　　刘天雷　张晓伟　蔡　艺　蔡新民

# 前　言

## Preface

　　中国作为能源使用的超级大国，能源的绿色发展越来越重要。截止到 2019 年，非化石能源发电装机比重达 40% 左右，尤其是风力发电在非化石能源中处于龙头地位。随着风力发电的快速发展，近年来风力发电事故也是层出不穷。风力发电场站均处于野外较为偏僻的地理位置，发生突发事件主要靠自救，应急处置能力对防灾减灾效果至关重要。

　　本书以提高风力发电突发事件应对能力为目标，总结提炼了多年来风力发电应对事故的经验，解决"临门一脚"的正确反应。从突发事件现场处置卡、现场处置方案、综合应急预案三个部分进行了重点编制。本书的现场处置卡尤其值得借鉴，处置卡主要从简单易行、方便实用、直奔主题的角度进行了编制，通过现场的实践检验，具有极好的使用价值。本书应急处置卡主要从火灾、人身伤亡、设备损坏、自然灾害等四个部分编制了范本。

　　希望本书的正确运用，能够提高风力发电场的防灾减灾能力，减少人员和财产损失。本书在编写过程中得到了电力系统专家的大力支持，在此一并感谢。限于作者水平，书中疏漏、不妥或错误之处，恳请广大读者批评指正。

编　者

**2019 年 3 月**

# 目 录

# Contents

# 第二部分　突发事件现场处置方案 / 47

## 第三部分　突发事件综合应急预案（范例）/ 83

# 第一部分
# 突发事件现场处置卡

# 1　火　灾　部　分

## 1.1　变压器着火应急处置卡

| 序号 | 处置措施 | 执行情况 |
|---|---|---|
| 1 | 迅速切除各侧电源，停止冷却器，立即汇报场站长和集控中心。 | |
| 2 | 组织人员撤离到安全区域，采取相应隔离措施。 | |
| 3 | 如火势在可控范围内，组织人员用干粉或六氟丙烷灭火器灭火，不得已时用干砂进行灭火。 | |
| 4 | 若油溢在变压器顶盖上着火时，则打开变压器下部事故放油阀，将油排至事故储油池；若变压器内部着火，则不能排油。 | |
| 5 | 火势无法控制时，拨打火警电话（××-××）。 | |
| 6 | 如有伤情，由场站长确定是否需要联系急救。 | |
| 7 | 场站长立即向公司总经理、分管副总经理和相关职能部门汇报。 | |

| 注意事项 | |
|---|---|
| 序号 | 内容 |
| 1 | 事故现场做好警戒，防止故障设备区域内无关人员靠近。 |
| 2 | 着火变压器各侧电源必须可靠断开，确保有明显断开点，手车开关拉到"试验"位，严禁带负荷拉刀闸。 |

| 应急物资 | | |
|---|---|---|
| 序号 | 物资名称 | 数量 |
| 1 | 正压式空气呼吸器 | 1 台 |
| 2 | 隔热手套 | 5 副 |
| 3 | 防毒面具 | 5 个 |
| 4 | 围栏 | 100 米 |
| 5 | 铁锹 | 10 把 |
| 6 | 对讲机 | 4 对 |

| 主要联系电话 | | | |
|---|---|---|---|
| 单位 | 部门职务 | 办公电话 | 手机 |
| ××公司 | 风电场场站长 | | |
| ××公司 | 生技部主任 | | |
| ××公司 | 安监部主任 | | |
| ××公司 | 副总经理 | | |
| ××公司 | 总经理 | | |
| 上级公司 | 值班室 | | |
| 能监局 | 值班室 | | |
| 急救中心 | 值班室 | | |
| 安监局 | 值班室 | | |
| 医院 | 值班室 | | |
| 消防队 | 值班室 | | |

## 1.2　草原火灾应急处置卡

| 序号 | 处置措施 | 执行情况 |
|---|---|---|
| 1 | 立即汇报场长。 | |
| 2 | 若人员被困，根据现场情况采取适当自救措施。 | |
| 3 | 判断火情，在确保人员安全的情况下，组织人员带好风力灭火机、铁锹、扫帚等到现场进行灭火。若火势较大，立即拨打当地防火办电话，联系周边村民、风电场请求支援。 | |
| 4 | 大火危及设备时，首先在设备周围用除草或加盖覆土的方式设立隔离带，防止设备受损。 | |
| 5 | 若火势无法控制，应根据着火部位及风向，确定安全的撤退线路，立即撤离火灾现场，等待支援。 | |
| 6 | 场长根据现场情况确定是否需要联系急救。 | |
| 7 | 场长向生产副总经理和相关职能部门汇报。 | |

| 注意事项 | |
|---|---|
| 序号 | 内容 |
| 1 | 要准确掌握火势的蔓延方向、火场周围情况，若火势危及设备时，立即将设备或线路停运。 |
| 2 | 抢险人员要穿戴好必要的应急防护装备，防止抢险救援人员受到伤害。 |

| 应急物资 | | |
|---|---|---|
| 序号 | 物资名称 | 数量 |
| 1 | 防毒面具 | 10 个 |
| 2 | 风力灭火机 | 5 个 |
| 3 | 铁锹 | 10 把 |
| 4 | 扫把 | 10 把 |

| 主要联系电话 | | | |
|---|---|---|---|
| 单位 | 部门职务 | 办公电话 | 手机 |
| ××公司 | 风电场场长 | | |
| ××公司 | 生技部主任 | | |
| ××公司 | 安监部主任 | | |
| ××公司 | 副总经理 | | |
| ××公司 | 总经理 | | |
| ××公司 | 值班室 | | |
| 能监局 | 值班室 | | |
| 急救中心 | 值班室 | | |
| 安监局 | 值班室 | | |
| 医院 | 值班室 | | |
| 急救中心 | 值班室 | | |
| 防火办 | 值班室 | | |

## 1.3 档案室火灾应急处置卡

| 序号 | 处置措施 | 执行情况 |
|---|---|---|
| 1 | 立即组织人员利用干粉灭火器进行灭火。 | |
| 2 | 将未受损资料尽快与火源隔离。 | |
| 3 | 确保人员安全情况下，尽快转移重要资料。 | |
| 4 | 同时将火灾情况汇报场长。 | |

| 注意事项 | |
|---|---|
| 序号 | 内容 |
| 1 | 在灭火的过程中，优先使用干粉灭火器，尽量避免用水灭火，以减少资料受到水浸，造成资料损失。 |
| 2 | 若烟雾较大，灭火人员应佩戴正压式呼吸器。 |

| 应急物资 | | |
|---|---|---|
| 序号 | 物资名称 | 数量 |
| 1 | 干粉灭火器 | 若干 |
| 2 | 正压式呼吸器 | 1个 |

| 主要联系电话 | | | |
|---|---|---|---|
| 单位 | 部门职务 | 办公电话 | 手机 |
| ××公司 | 风电场场长 | | |
| ××公司 | 生技部主任 | | |
| ××公司 | 安监部主任 | | |
| ××公司 | 副总经理 | | |
| ××公司 | 总经理 | | |
| ××公司 | 值班室 | | |
| 能监局 | 值班室 | | |
| 急救中心 | 值班室 | | |
| 安监局 | 值班室 | | |
| 中心医院 | 值班室 | | |
| 急救中心 | 值班室 | | |
| 派出所 | 值班室 | | |

## 1.4　电缆沟着火应急处置卡

| 序号 | 处置措施 | 执行情况 |
| --- | --- | --- |
| 1 | 立即切断着火电缆及相邻可能被引燃电缆的电源，若不能判断着火电缆所属设备，则将设备全停，同时向场长和集控中心汇报。 | |
| 2 | 场长根据火情决定是否请求外部救援。 | |
| 3 | 立即组织人员戴好正压式呼吸器或防毒面具，做好个人防护措施。若电缆沟位于室内，应首先通风。 | |
| 4 | 用干粉、二氧化碳灭火器灭火，也可用干砂或防火包进行覆盖，并将相应防火门关闭。 | |
| 5 | 场长立即向生产副总经理和相关职能部门汇报。 | |

| 注意事项 | |
| --- | --- |
| 序号 | 内容 |
| 1 | 电缆着火应将各侧电源可靠断开。 |
| 2 | 进入烟雾笼罩区域，人员应做好防中毒、防窒息措施。 |

| 应急物资 | | |
| --- | --- | --- |
| 序号 | 物资名称 | 数量 |
| 1 | 应急手电 | 2个 |
| 2 | 灭火器 | 若干 |
| 3 | 正压式呼吸器 | 1个 |
| 4 | 防毒面具 | 2个 |

| 主要联系电话 | | | |
| --- | --- | --- | --- |
| 单位 | 部门职务 | 办公电话 | 手机 |
| ××公司 | 风电场场长 | | |
| ××公司 | 生技部主任 | | |
| ××公司 | 安监部主任 | | |
| ××公司 | 副总经理 | | |
| ××公司 | 总经理 | | |
| ××公司 | 值班室 | | |
| 能监局 | 值班室 | | |
| 急救中心 | 值班室 | | |
| 安监局 | 值班室 | | |
| 中心医院 | 值班室 | | |
| 急救中心 | 值班室 | | |
| 派出所 | 值班室 | | |

## 1.5　风电机组着火应急处置卡

| 序号 | 处置措施 | 执行情况 |
|---|---|---|
| 1 | 未危及人员安全时，立即停机并切断电源，迅速采取灭火措施。 | |
| 2 | 火情无法控制时，禁止通过升降装置撤离，应首先考虑从塔架内爬梯撤离，当爬梯无法使用时方可利用缓降装置从机舱外部进行撤离。如确无有效逃生方式，可选择服务吊车逃生。 | |
| 3 | 具备条件时，关好塔筒门并封堵通风口。 | |
| 4 | 立即拉开风电机组所在集电线路断路器。 | |
| 5 | 组织人员带好风力灭火机、灭火器赶赴现场。在事故风电机组周围设置警戒线，防止人员误入。 | |
| 6 | 在风电机组周围路口设立警示标识，设专人看护，禁止无关人员靠近。 | |
| 7 | 场长立即向公司总经理、分管副总经理和相关职能部门汇报。（时间、地点以及现场情况；简要经过；伤亡情况；已经采取的措施。） | |

| 注意事项 | |
|---|---|
| 序号 | 内容 |
| 1 | 使用缓降装置，要正确选择定位点，同时要防止绳索打结。 |
| 2 | 人员要从上风向撤离。 |
| 3 | 风电机组内灭火时，不应使用二氧化碳灭火器。 |

| 应急物资 | | |
|---|---|---|
| 序号 | 物资名称 | 数量 |
| 1 | 灭火器 | 若干 |
| 2 | 风力灭火机 | 7 台 |
| 3 | 铁锹 | 20 把 |
| 4 | 围栏 | 500 米 |
| 5 | 对讲机 | 5 对 |

| 主要联系电话 | | | |
|---|---|---|---|
| 单位 | 部门职务 | 办公电话 | 手机 |
| ××公司 | 风电场场长 | | |
| ××公司 | 生技部主任 | | |
| ××公司 | 安监部主任 | | |
| ××公司 | 副总经理 | | |
| ××公司 | 总经理 | | |
| ××公司 | 值班室 | | |
| 能监局 | 值班室 | | |
| 急救中心 | 值班室 | | |
| 安监局 | 值班室 | | |
| 中心医院 | 值班室 | | |
| 防火办 | 值班室 | | |

## 1.6 开关柜着火应急处置卡

| 序号 | 处置措施 | 执行情况 |
|---|---|---|
| 1 | 立即汇报场长和集控中心。 | |
| 2 | 远程断开着火开关柜上一级电源。 | |
| 3 | 应组织人员戴好正压式呼吸器或防毒面具，做好个人防护措施；打开窗户进行通风，将上一级电源手车开关拉至"试验"位。 | |
| 4 | 直接用灭火器对着火点进行灭火。 | |
| 5 | 场长根据火势情况决定是否请求外部救援。 | |
| 6 | 场长向生产副总经理和相关职能部门汇报。（事故初步原因判断；时间、地点以及现场情况；简要经过；已知的设备、设施损坏情况；已经采取的措施）。 | |

| 注意事项 | |
|---|---|
| 序号 | 内容 |
| 1 | 进入烟雾笼罩区域，人员应做好防中毒、防窒息措施。 |
| 2 | 必须将上一级电源可靠断开。 |

| 应急物资 | | |
|---|---|---|
| 序号 | 物资名称 | 数量 |
| 1 | 防毒面具 | 4个 |
| 2 | 对讲机 | 2对 |
| 3 | 应急照明灯 | 4个 |
| 4 | 正压式呼吸器 | 1个 |

| 主要联系电话 | | | |
|---|---|---|---|
| 单位 | 部门职务 | 办公电话 | 手机 |
| ××公司 | 风电场场长 | | |
| ××公司 | 生技部主任 | | |
| ××公司 | 安监部主任 | | |
| ××公司 | 副总经理 | | |
| ××公司 | 总经理 | | |
| ××公司 | 值班室 | | |
| 能监局 | 值班室 | | |
| 急救中心 | 值班室 | | |
| 安监局 | 值班室 | | |
| 中心医院 | 值班室 | | |
| 急救中心 | 值班室 | | |
| 派出所 | 值班室 | | |

## 1.7    通信机房着火应急处置卡

| 序号 | 处置措施 | 执行情况 |
|---|---|---|
| 1 | 立即切断着火机柜电源，如与外界通信中断，应立即启用应急通信设备，向场长和集控中心汇报，并告知相关部门。 | |
| 2 | 立即组织人员戴好正压式呼吸器或防毒面具，做好个人防护措施，进行灭火。 | |
| 3 | 场长根据火情决定是否请求外部救援。 | |
| 4 | 场长向生产副总经理和相关职能部门汇报火灾情况。（事故原因判断；时间、地点、现场情况；简要经过；已知的设备、设施损坏情况；已经采取的措施） | |
| 注意事项 | | |
| 序号 | 内容 | |
| 1 | 电气设备着火时应采用二氧化碳或干粉灭火器进行灭火。 | |

| 应急物资 | | |
|---|---|---|
| 序号 | 物资名称 | 数量 |
| 1 | 防毒面具 | 5个 |
| 2 | 干粉灭火器 | 若干 |
| 3 | 二氧化碳灭火器 | 若干 |

| 主要联系电话 | | | |
|---|---|---|---|
| 单位 | 部门职务 | 办公电话 | 手机 |
| ××公司 | 风电场场长 | | |
| ××公司 | 生技部主任 | | |
| ××公司 | 安监部主任 | | |
| ××公司 | 副总经理 | | |
| ××公司 | 总经理 | | |
| ××公司 | 值班室 | | |
| 能监局 | 值班室 | | |
| 急救中心 | 值班室 | | |
| 安监局 | 值班室 | | |
| 中心医院 | 值班室 | | |
| 急救中心 | 值班室 | | |
| 派出所 | 值班室 | | |

## 1.8 蓄电池爆炸应急处置卡

| 序号 | 处置措施 | 执行情况 |
|---|---|---|
| 1 | 立即汇报场长。 | |
| 2 | 做好个人防护（穿绝缘鞋、戴正压式呼吸器），开启门窗和通风装置。 | |
| 3 | 现场检查有无人员伤亡，采取措施灭火。 | |
| 4 | 断开爆炸蓄电池组的投切开关，挂"禁止合闸"标示牌。 | |
| 5 | 若地面上有酸溶液，应用大量清水冲洗干净。 | |
| 6 | 场长立即向生产副总经理和相关职能部门汇报。（原因判断；时间、地点以及现场情况；简要经过；已知的设备、设施损坏情况；已经采取的措施。） | |

| 注意事项 | |
|---|---|
| 序号 | 内容 |
| 1 | 应急处置时注意防止中毒、窒息、触电、灼伤。 |
| 2 | 佩戴个人防护器具时注意检查防护用品合格，且在有效检验期内；正确佩戴使用正压式呼吸器。 |

| 应急物资 | | |
|---|---|---|
| 序号 | 物资名称 | 数量 |
| 1 | 正压式呼吸器 | 1个 |
| 2 | 防毒面具 | 5个 |
| 3 | 干粉灭火器 | 若干 |
| 4 | 二氧化碳灭火器 | 若干 |

| 主要联系电话 | | | |
|---|---|---|---|
| 单位 | 部门职务 | 办公电话 | 手机 |
| ××公司 | 风电场场长 | | |
| ××公司 | 生技部主任 | | |
| ××公司 | 安监部主任 | | |
| ××公司 | 副总经理 | | |
| ××公司 | 总经理 | | |
| ××公司 | 值班室 | | |
| 能监局 | 值班室 | | |
| 急救中心 | 值班室 | | |
| 安监局 | 值班室 | | |
| 中心医院 | 值班室 | | |
| 急救中心 | 值班室 | | |
| 派出所 | 值班室 | | |

## 1.9　油库着火应急处置卡

| 序号 | 处置措施 | 执行情况 |
|---|---|---|
| 1 | 组织人员迅速撤离到安全区域，汇报场长。 | |
| 2 | 遥控打开油库门。 | |
| 3 | 在主要路口设专人看护，禁止无关人员靠近。 | |
| 4 | 场长根据火情确定是否需要联系外部救援。 | |
| 5 | 场长立即向生产副总经理和相关职能部门汇报。（事故原因判断；时间、地点、现场情况；简要经过；已知的设备、设施损坏情况；已经采取的措施。） | |
| 注意事项 | | |
| 序号 | 内容 | |
| 1 | 禁止人员盲目灭火。 | |

| 应急物资 | | |
|---|---|---|
| 序号 | 物资名称 | 数量 |
| 1 | 干粉灭火器 | 若干 |
| 2 | 灭火沙 | 若干 |

| 主要联系电话 | | | |
|---|---|---|---|
| 单位 | 部门职务 | 办公电话 | 手机 |
| ××公司 | 风电场场长 | | |
| ××公司 | 生技部主任 | | |
| ××公司 | 安监部主任 | | |
| ××公司 | 副总经理 | | |
| ××公司 | 总经理 | | |
| ××公司 | 值班室 | | |
| 能监局 | 值班室 | | |
| 急救中心 | 值班室 | | |
| 安监局 | 值班室 | | |
| 中心医院 | 值班室 | | |
| 急救中心 | 值班室 | | |
| 派出所 | 值班室 | | |

## 1.10　主控楼火灾应急处置卡

| 序号 | 处置措施 | 执行情况 |
|---|---|---|
| 1 | 若火势在可控范围内，应利用附近灭火器进行扑救，同时向周围呼救；若火势较大无法控制时，应立即组织人员疏散。 | |
| 2 | 若主控室发生火灾，可能危及 SCADA 服务器、保护装置、电缆夹层、直流系统时，立即联系集控中心将相关设备停运。 | |
| 3 | 场长根据火情确定是否需要联系外部救援。 | |
| 4 | 场长立即向公司总经理、分管副总经理和相关职能部门汇报。（事故原因判断；时间、地点、现场情况；简要经过；已知的设备、设施损坏情况；已经采取的措施。） | |

| 注意事项 | |
|---|---|
| 序号 | 内容 |
| 1 | 楼内烟雾较大时，灭火人员应佩戴正压式呼吸器或防毒面具等防护用具。 |
| 2 | 电气设备灭火时要保持足够的安全距离，尽量采用二氧化碳灭火器。 |
| 3 | 人员撤离时要远离烟雾区，沿上风向撤离。 |

| 应急物资 | | |
|---|---|---|
| 序号 | 物资名称 | 数量 |
| 1 | 防毒面具 | 2 个 |
| 2 | 灭火器 | 若干 |
| 3 | 正压式呼吸器 | 1 个 |

| 主要联系电话 | | | |
|---|---|---|---|
| 单位 | 部门职务 | 办公电话 | 手机 |
| ××公司 | 风电场场长 | | |
| ××公司 | 生技部主任 | | |
| ××公司 | 安监部主任 | | |
| ××公司 | 副总经理 | | |
| ××公司 | 总经理 | | |
| ××公司 | 值班室 | | |
| 能监局 | 值班室 | | |
| 急救中心 | 值班室 | | |
| 安监局 | 值班室 | | |
| 中心医院 | 值班室 | | |
| 急救中心 | 值班室 | | |
| 派出所 | 值班室 | | |

# 2　人身伤亡部分

## 2.1　低温冻伤应急处置卡

| 序号 | 处置措施 | 执行情况 |
|---|---|---|
| 1 | 尽快将伤员撤离寒冷现场，转移到温暖而干燥的地方。 | |
| 2 | 脱掉限制冻伤部位血液循环的衣物 | |
| 3 | 局部冻伤时，用40～42℃的温水浸泡或用42℃左右湿毛巾热敷冻伤部位，浸泡后用柔软的毛巾或干布进行局部按摩。 | |
| 4 | 全身冻伤时，盖上棉被或毛毯，如不能缓解，立即送往医院救治。 | |
| 5 | 伤口出现破溃感染，立即进行局部消毒和清洗，涂抹冻疮膏，保暖包扎，送医院进行救治。 | |
| 6 | 现场人员同时将情况汇报场长。 | |

| 注意事项 | |
|---|---|
| 序号 | 内容 |
| 1 | 冻伤严重者转移过程中动作要轻柔，不要使肢体弯曲，以免加重损伤。 |
| 2 | 恢复体温过程中严禁揉搓、火烤、搓雪、冷水浸泡受伤部位。 |

| 应急物资 | | |
|---|---|---|
| 序号 | 物资名称 | 数量 |
| 1 | 冻疮膏 | 2瓶 |
| 2 | 热水 | 适量 |
| 3 | 毛巾或棉被 | 1条 |

| 主要联系电话 | | | |
|---|---|---|---|
| 单位 | 部门职务 | 办公电话 | 手机 |
| ××公司 | 风电场场长 | | |
| ××公司 | 生技部主任 | | |
| ××公司 | 安监部主任 | | |
| ××公司 | 副总经理 | | |
| ××公司 | 总经理 | | |
| ××公司 | 值班室 | | |
| 能监局 | 值班室 | | |
| 急救中心 | 值班室 | | |
| 安监局 | 值班室 | | |
| 中心医院 | 值班室 | | |
| 急救中心 | 值班室 | | |
| 派出所 | 值班室 | | |

## 2.2  电控升降机故障人员被困应急处置卡

| 序号 | 处置措施 | 执行情况 |
|---|---|---|
| 1 | 检查升降机故障原因，尝试使用手动功能缓降至地面。 | |
| 2 | 手动缓降失败后，立即汇报场长。 | |
| 3 | 通讯求援失败后，如有逃生口，利用逃生装置缓降至最近的平台上，在通过爬梯下降至地面；如无逃生口，按下升降机内紧急开门按钮，将双钩挂在离升降机最近的牢固构件上，缓慢移步至风机爬梯后下降至地面。 | |
| 4 | 同时将现场情况汇报场长。 | |
| 5 | 场长根据现场情况，如有人员受伤及时送医院治疗。 | |

| 注意事项 | |
|---|---|
| 序号 | 内容 |
| 1 | 不要强行扒开升降机门或采取其他过激行为。 |
| 2 | 在没有穿好安全防护装备之前，不允许打开升降机门。 |
| 3 | 如遇升降机突然下坠的情况，将背部和头部紧贴升降机内壁，保护脊椎。 |

| 应急物资 | | |
|---|---|---|
| 序号 | 物资名称 | 数量 |
| 1 | 对讲机 | 2 对 |

| 主要联系电话 | | | |
|---|---|---|---|
| 单位 | 部门职务 | 办公电话 | 手机 |
| ××公司 | 风电场场长 | | |
| ××公司 | 生技部主任 | | |
| ××公司 | 安监部主任 | | |
| ××公司 | 副总经理 | | |
| ××公司 | 总经理 | | |
| ××公司 | 值班室 | | |
| 能监局 | 值班室 | | |
| 急救中心 | 值班室 | | |
| 安监局 | 值班室 | | |
| 中心医院 | 值班室 | | |
| 急救中心 | 值班室 | | |

## 2.3 电梯故障人员被困应急处置卡

| 序号 | 处置措施 | 执行情况 |
|---|---|---|
| 1 | 保持镇定，切勿慌乱操作。若电梯突然下坠，立即按下所有楼层键，选择一个不靠门的角落，把脚跟提起，呈踮脚姿势，膝盖弯曲，身体半蹲，尽量保持平衡，整个背部与头部紧贴内壁，呈一直线，利用箱体作为脊椎防护。 | |
| 2 | 立即拨打电梯报警电话，通知救援人员。 | |
| 3 | 救援人员到现场后，断电并确认电梯轿厢位置。如电梯停留在平层，可以直接用专用钥匙开启电梯门将被困者救出；如果电梯不在平层位置，救援人员进入机房，利用盘轮及松闸扳手将电梯轿厢盘放在平层区域后用专用钥匙开启电梯门救出被困者。 | |

| 注意事项 | |
|---|---|
| 序号 | 内容 |
| 1 | 无电梯操作证件人员不得擅自操作电梯。 |
| 2 | 如因突然断电导致电梯停止运行，应首先断开电梯电源，再进行救援。 |

| 应急物资 | | |
|---|---|---|
| 序号 | 物资名称 | 数量 |
| 1 | 电梯内报警电话 | 1 部 |

| 主要联系电话 | | | |
|---|---|---|---|
| 职务 | 部门职务 | 办公电话 | 手机 |
| ××公司 | 风电场场长 | | |
| ××公司 | 生技部主任 | | |
| ××公司 | 安监部主任 | | |
| ××公司 | 副总经理 | | |
| ××公司 | 总经理 | | |
| ××公司 | 值班室 | | |
| 能监局 | 值班室 | | |
| 急救中心 | 值班室 | | |
| 安监局 | 值班室 | | |
| 派出所 | 值班室 | | |

## 2.4　触电急救应急处置卡

| 序号 | 处置措施 | 执行情况 |
|---|---|---|
| 1 | 立即使触电者迅速脱离电源。 | |
| 2 | 脱离电源后，伤者如神志清醒，应转移至通风良好、地势平坦处平躺，询问伤情。 | |
| 3 | 若伤者神志丧失、颈动脉无搏动、呼吸停止时，应立即进行心肺复苏抢救，医务人员未到现场前不得停止。 | |
| 4 | 现场人员同时将触电情况汇报场站长。 | |
| 5 | 场站长根据伤情确定是否需要联系急救。 | |
| 6 | 场站长立即向公司总经理、分管副总经理和相关职能部门汇报。（时间、地点以及现场情况；简要经过；伤亡情况；已经采取的措施。） | |

| 注意事项 | |
|---|---|
| 序号 | 内容 |
| 1 | 在脱离电源前，救护人员不得直接用手触及伤员，低压触电时可用木棍、木板等干燥不导电的物体解脱触电者，高压触电时可用相应电压等级的绝缘工具按顺序拉开电源开关。 |
| 2 | 如触电者在高处，应采取措施防止伤者高处坠落。 |
| 3 | 救护人员在救护过程中注意保持自身和周围带电部分的安全距离。 |

| 应急物资 | | |
|---|---|---|
| 序号 | 物资名称 | 数量 |
| 1 | 急救药箱 | 1 |
| 2 | 绝缘拉杆 | 1 |

| 主要联系电话 | | | |
|---|---|---|---|
| 单位 | 部门职务 | 办公电话 | 手机 |
| ××公司 | 风电场场站长 | | |
| ××公司 | 生技部主任 | | |
| ××公司 | 安监部主任 | | |
| ××公司 | 副总经理 | | |
| ××公司 | 总经理 | | |
| 上级公司 | 值班室 | | |
| 能监局 | 值班室 | | |
| 急救中心 | 值班室 | | |
| 安监局 | 值班室 | | |
| 医院 | 值班室 | | |
| 派出所 | 值班室 | | |

## 2.5　高处坠落应急处置卡

| 序号 | 处置措施 | 执行情况 |
|---|---|---|
| 1 | 保护好事故现场，立即将伤者转移到安全地带。汇报场长。 | |
| 2 | 脱离高处后，若伤者出现创伤性出血，应首先处理伤口进行止血；若伤者发生骨折，应就地进行固定，防止移动时二次创伤。 | |
| 3 | 若伤者神志丧失、颈动脉无搏动、呼吸停止时，应联系医生是否进行心肺复苏抢救。 | |
| 4 | 场长根据伤情确定是否需要联系急救。如需急救，为争取时间，应安排车辆将伤员送往就近医院。 | |
| 5 | 场长立即向公司总经理、分管副总经理和相关职能部门汇报。（事故初步原因判断；时间、地点以及现场情况；简要经过；伤亡情况；已经采取的措施。） | |

| 注意事项 | |
|---|---|
| 序号 | 内容 |
| 1 | 重伤员运送应使用担架，腹部创伤及脊柱创伤者应卧位运送，颅脑损伤一般采取半卧位，胸部受伤者一般采取仰卧偏头或侧卧位，以免呕吐误吸。 |
| 2 | 要受过专业训练的人员进行现场急救，切忌盲目施救。 |

| 应急物资 | | |
|---|---|---|
| 序号 | 物资名称 | 数量 |
| 1 | 急救箱 | 1个 |

| 主要联系电话 | | | |
|---|---|---|---|
| 单位 | 部门职务 | 办公电话 | 手机 |
| ××公司 | 风电场场长 | | |
| ××公司 | 生技部主任 | | |
| ××公司 | 安监部主任 | | |
| ××公司 | 副总经理 | | |
| ××公司 | 总经理 | | |
| ××公司 | 值班室 | | |
| 能监局 | 值班室 | | |
| 急救中心 | 值班室 | | |
| 安监局 | 值班室 | | |
| 中心医院 | 值班室 | | |
| 急救中心 | 值班室 | | |
| 派出所 | 值班室 | | |

## 2.6　高温中暑应急处置卡

| 序号 | 处置措施 | 执行情况 |
|---|---|---|
| 1 | 尽快将中暑者从高温或日晒环境中转移到阴凉通风处。 | |
| 2 | 让病人平卧，脱去或者松开衣物。 | |
| 3 | 用湿毛巾擦拭全身，反复擦拭四肢和腋窝。 | |
| 4 | 给意识清醒的病人或经过降温意识清醒的病人喝淡盐水或绿豆汤解暑。 | |
| 5 | 经过降温不能缓解病情，立即送往医院救治。 | |
| 6 | 现场人员同时将情况汇报场长。 | |

| 注意事项 | |
|---|---|
| 序号 | 内容 |
| 1 | 不要一次大量饮水，应采用少量多次的饮水方法，每次不超过300毫升。 |
| 2 | 中暑患者大多脾胃虚弱，大量食用生冷食物和寒性食物会会出现腹泻、腹痛等症状。 |
| 3 | 在恢复过程中，饮食应清淡，少吃油腻食物。 |

| 应急物资 | | |
|---|---|---|
| 序号 | 物资名称 | 数量 |
| 1 | 湿毛巾 | 1 条 |
| 2 | 淡盐水 | 适量 |
| 3 | 酒精 | 适量 |

| 主要联系电话 | | | |
|---|---|---|---|
| 单位 | 部门职务 | 办公电话 | 手机 |
| ××公司 | 风电场场长 | | |
| ××公司 | 生技部主任 | | |
| ××公司 | 安监部主任 | | |
| ××公司 | 副总经理 | | |
| ××公司 | 总经理 | | |
| ××公司 | 值班室 | | |
| 能监局 | 值班室 | | |
| 急救中心 | 值班室 | | |
| 安监局 | 值班室 | | |
| 中心医院 | 值班室 | | |
| 急救中心 | 值班室 | | |
| 派出所 | 值班室 | | |

## 2.7 骨折应急处置卡

| 序号 | 处置措施 | 执行情况 |
|---|---|---|
| 1 | 立即汇报场长。 | |
| 2 | 肢体骨折时可用夹板或木棍、竹竿等将断骨上、下方的两个关节固定，也可利用伤员身体进行固定，避免骨折部位移动，防止伤势恶化。 | |
| 3 | 开放性骨折并伴有大量出血者，先止血（每1小时放松1次，每次放松1~2分钟），再固定，并用干净布片覆盖伤口。 | |
| 4 | 如有断肢等情况，及时用干净毛巾、手绢、布片包扎好，放在无裂纹的塑料袋里，袋口扎紧，在口袋周围放置冰块、雪糕等降温物品。切忌用任何液体浸泡。 | |
| 5 | 场长根据伤情确定是否需要联系急救。 | |
| 6 | 场长立即向公司总经理、分管副总经理和相关职能部门汇报。（时间、地点以及现场情况；简要经过；伤亡情况；已经采取的措施。） | |

| 注意事项 | |
|---|---|
| 序号 | 内容 |
| 1 | 切勿将外露的断骨推回伤口内。 |
| 2 | 注意对伤者保暖。 |

| 应急物资 | | |
|---|---|---|
| 序号 | 物资名称 | 数量 |
| 1 | 急救箱 | 1个 |

| 主要联系电话 | | | |
|---|---|---|---|
| 单位 | 部门职务 | 办公电话 | 手机 |
| ××公司 | 风电场场长 | | |
| ××公司 | 生技部主任 | | |
| ××公司 | 安监部主任 | | |
| ××公司 | 副总经理 | | |
| ××公司 | 总经理 | | |
| ××公司 | 值班室 | | |
| 能监局 | 值班室 | | |
| 急救中心 | 值班室 | | |
| 安监局 | 值班室 | | |
| 中心医院 | 值班室 | | |
| 急救中心 | 值班室 | | |
| 派出所 | 值班室 | | |

## 2.8 机械伤害应急处置卡

| 序号 | 处置措施 | 执行情况 |
|---|---|---|
| 1 | 立即关闭运转机械，切断电源，保护现场。同时汇报场长。 | |
| 2 | 对伤者采取消毒、止血、包扎、止痛、固定等临时措施，防止伤情恶化。 | |
| 3 | 如有断肢等情况，及时用干净毛巾、手绢、布片包扎好，放在无裂纹的塑料袋里，袋口扎紧，在口袋周围放置冰块、雪糕等降温物品。切忌用任何液体浸泡。 | |
| 4 | 场长根据伤情确定是否需要联系急救。 | |
| 5 | 场长立即向公司总经理、分管副总经理和相关职能部门汇报。（事故初步原因判断；时间、地点以及现场情况；简要经过；受伤情况；已经采取的措施。） | |

| 注意事项 | |
|---|---|
| 序号 | 内容 |
| 1 | 注意防止在救援过程中，对伤者造成二次伤害。 |
| 2 | 不得在断肢处涂酒精、碘酒及其他消毒液。 |

| 应急物资 | | |
|---|---|---|
| 序号 | 物资名称 | 数量 |
| 1 | 急救药箱 | 1个 |

| 主要联系电话 | | | |
|---|---|---|---|
| 单位 | 部门职务 | 办公电话 | 手机 |
| ××公司 | 风电场场长 | | |
| ××公司 | 生技部主任 | | |
| ××公司 | 安监部主任 | | |
| ××公司 | 副总经理 | | |
| ××公司 | 总经理 | | |
| ××公司 | 值班室 | | |
| 能监局 | 值班室 | | |
| 急救中心 | 值班室 | | |
| 安监局 | 值班室 | | |
| 中心医院 | 值班室 | | |
| 急救中心 | 值班室 | | |
| 派出所 | 值班室 | | |

## 2.9 交通事故人身伤害应急处置卡

| 序号 | 处置措施 | 执行情况 |
|---|---|---|
| 1 | 车上人员开展自救和互救，并尽快离开事故车辆，转移到安全区域。 | |
| 2 | 对现场进行隔离，在车辆后方设置警示标志，保护事故现场，防止二次伤害。 | |
| 3 | 立即将事故地点、时间和人员伤亡情况汇报场长。 | |
| 4 | 场长根据事故情况联系医疗单位进行救护，并尽快派人赶赴现场。 | |
| 5 | 场长立即向公司总经理、分管副总经理和相关职能部门汇报。（事故初步原因判断；时间、地点以及现场情况；简要经过；伤亡情况；已经采取的措施。） | |

| 注意事项 | |
|---|---|
| 序号 | 内容 |
| 1 | 人员有明显骨折等伤情时，不要搬运转移伤员，必须要搬运时，使用硬板担架进行固定。 |
| 2 | 发生交通事故后，车辆起火的可能性较大，所有人员必须尽快离开车辆。 |
| 3 | 如果事故车辆车门无法打开，使用尖锐物体击碎车玻璃逃生。 |

| 应急物资 | | |
|---|---|---|
| 序号 | 物资名称 | 数量 |
| 1 | 灭火器 | 1个 |
| 2 | 三脚架 | 1个 |

| 主要联系电话 | | | |
|---|---|---|---|
| 单位 | 部门职务 | 办公电话 | 手机 |
| ××公司 | 风电场场长 | | |
| ××公司 | 生技部主任 | | |
| ××公司 | 安监部主任 | | |
| ××公司 | 副总经理 | | |
| ××公司 | 总经理 | | |
| ××公司 | 值班室 | | |
| 能监局 | 值班室 | | |
| 急救中心 | 值班室 | | |
| 安监局 | 值班室 | | |
| 中心医院 | 值班室 | | |
| 急救中心 | 值班室 | | |
| 派出所 | 值班室 | | |

## 2.10　六氟化硫气体泄漏应急处置卡

| 序号 | 处置措施 | 执行情况 |
|---|---|---|
| 1 | 发现 $SF_6$ 断路器气体压力低，风电机组内同时存在异味，人员应立即撤离现场，保持塔筒门敞开。 | |
| 2 | 将风电机组停机，并拉开跌落开关。 | |
| 3 | 汇报场长和集控中心。 | |
| 4 | 安排专人现场看护，防止无关人员进入。 | |

| 注意事项 | |
|---|---|
| 序号 | 内容 |
| 1 | 六氟化硫断路器发生气体泄漏后，禁止操作断路器。 |
| 2 | 如需进入该风电机组塔筒内，必须佩戴正压式呼吸器。 |

| 应急物资 | | |
|---|---|---|
| 序号 | 物资名称 | 数量 |
| 1 | 正压式呼吸器 | 1个 |

| 主要联系电话 | | | |
|---|---|---|---|
| 单位 | 部门职务 | 办公电话 | 手机 |
| ××公司 | 风电场场长 | | |
| ××公司 | 生技部主任 | | |
| ××公司 | 安监部主任 | | |
| ××公司 | 副总经理 | | |
| ××公司 | 总经理 | | |
| ××公司 | 值班室 | | |
| 能监局 | 值班室 | | |
| 急救中心 | 值班室 | | |
| 安监局 | 值班室 | | |
| 中心医院 | 值班室 | | |
| 急救中心 | 值班室 | | |
| 派出所 | 值班室 | | |

## 2.11 溺水应急处置卡

| 序号 | 处置措施 | 执行情况 |
|---|---|---|
| 1 | 保证自身安全前提下，设法迅速将溺水者救出。 | |
| 2 | 清除口鼻内的异物，保持呼吸道畅通。 | |
| 3 | 将溺水者头向低处俯卧，压其背部，将口、鼻、肺部及胃内积水控出。 | |
| 4 | 如溺水者处于昏迷状态但心跳未停止，应立即进行口对口人工呼吸，每分钟16~20次。 | |
| 5 | 如溺水者呼吸、心跳均已停止时，应进行胸外心脏按压，医务人员未到现场前不得停止。 | |
| 6 | 汇报场长，场长根据情况确定是否联系急救。 | |
| 7 | 场长向总经理、分管副总经理和公司相关职能部门汇报。 | |

| 注意事项 | |
|---|---|
| 序号 | 内容 |
| 1 | 发现有人溺水后，必须争分夺秒地进行现场急救，切不可急于送医院而失去宝贵的抢救时机。 |
| 2 | 在抢救溺水者时不应因"倒水"而延误抢救时间，更不应仅"倒水"而不用心肺复苏技术进行抢救。 |
| 3 | 不得通过冲击腹部的方法排除气道内的液体。 |

| 应急物资 | | |
|---|---|---|
| 序号 | 物资名称 | 数量 |
| 1 | 救生衣 | 2件 |
| 2 | 水靴 | 2双 |

| 主要联系电话 | | | |
|---|---|---|---|
| 单位 | 部门职务 | 办公电话 | 手机 |
| ××公司 | 风电场场长 | | |
| ××公司 | 生技部主任 | | |
| ××公司 | 安监部主任 | | |
| ××公司 | 副总经理 | | |
| ××公司 | 总经理 | | |
| ××公司 | 值班室 | | |
| 东北能监局 | 值班室 | | |
| 急救中心 | 值班室 | | |
| 安监局 | 值班室 | | |
| 中心医院 | 值班室 | | |
| 急救中心 | 值班室 | | |
| 派出所 | 值班室 | | |

## 2.12　烧伤应急处置卡

| 序号 | 处置措施 | 执行情况 |
|---|---|---|
| 1 | 迅速将伤员脱离火灾现场，转移至通风良好的地方。 | |
| 2 | 衣物着火时，迅速脱去着火衣物，或用水浇、就地打滚的方式灭火。 | |
| 3 | 清除伤员口鼻内的分泌物和烟灰，保持呼吸道畅通。呼吸困难的情况下用筷子或手指向喉咙深处刺激咽后壁、舌根进行催吐。 | |
| 4 | 将烧伤部位置于自来水下轻轻冲洗，或浸于冷水中约10分钟到不痛为止，如无法冲洗或浸泡，则可用冷敷。 | |
| 5 | 现场人员同时将情况汇报场长。 | |
| 6 | 场长根据伤情确定是否需要联系急救。 | |
| 7 | 场长立即向公司总经理、分管副总经理和相关职能部门汇报。（事故初步原因判断；时间、地点以及现场情况；简要经过；伤亡情况；已知的设备、设施损坏情况；已经采取的措施。） | |

| 注意事项 | |
|---|---|
| 序号 | 内容 |
| 1 | 未经医务人员同意，切忌在伤口上敷擦任何东西和药物。 |
| 2 | 不要弄破伤口的水泡，以免污染伤口；不要企图移去粘在伤处的衣物，必要时用剪刀除去。 |
| 3 | 用水浇灭伤员身上的火苗时，确认现场没有电线接地。 |

| 应急物资 | | |
|---|---|---|
| 序号 | 物资名称 | 数量 |
| 1 | 清水 | 若干 |
| 2 | 正压式呼吸器 | 1台 |

| 主要联系电话 | | | |
|---|---|---|---|
| 单位 | 部门职务 | 办公电话 | 手机 |
| ××公司 | 风电场场长 | | |
| ××公司 | 生技部主任 | | |
| ××公司 | 安监部主任 | | |
| ××公司 | 副总经理 | | |
| ××公司 | 总经理 | | |
| 新能源公司 | 值班室 | | |
| 东北能监局 | 值班室 | | |
| 急救中心 | 值班室 | | |
| 安监局 | 值班室 | | |
| 中心医院 | 值班室 | | |
| 急救中心 | 值班室 | | |
| 派出所 | 值班室 | | |

## 2.13　食物中毒应急处置卡

| 序号 | 处置措施 | 执行情况 |
|---|---|---|
| 1 | 立即汇报场长。 | |
| 2 | 向喉咙深处刺激咽后壁、舌根催吐。 | |
| 3 | 出现抽搐、痉挛症状时，马上将病人移至周围没有危险物品的地方，并取来筷子，用手帕缠好塞入病人口中，以防止咬破舌头。 | |
| 4 | 用塑料袋留好呕吐物或大便，有助于医生诊断。 | |
| 5 | 场长根据情况确定是否需要联系急救。 | |
| 6 | 场长立即向公司总经理、分管副总经理和相关职能部门汇报。（时间、地点以及现场情况；简要经过；伤亡情况；已经采取的措施。） | |

| 注意事项 | |
|---|---|
| 序号 | 内容 |
| 1 | 不要轻易地服用止泻药，以免贻误病情。 |
| 2 | 因食物中毒导致昏迷的时候，不宜进行人为催吐，否则容易引起窒息。 |

| 应急物资 | | |
|---|---|---|
| 序号 | 物资名称 | 数量 |
| 1 | 清水 | 适量 |
| 2 | 筷子 | 若干 |
| 3 | 手帕 | 1条 |

| 主要联系电话 | | | |
|---|---|---|---|
| 单位 | 部门职务 | 办公电话 | 手机 |
| ××公司 | 风电场场长 | | |
| ××公司 | 生技部主任 | | |
| ××公司 | 安监部主任 | | |
| ××公司 | 副总经理 | | |
| ××公司 | 总经理 | | |
| 新能源公司 | 值班室 | | |
| 东北能监局 | 值班室 | | |
| 急救中心 | 值班室 | | |
| 安监局 | 值班室 | | |
| 中心医院 | 值班室 | | |
| 急救中心 | 值班室 | | |
| 派出所 | 值班室 | | |

## 2.14　物体打击应急处置卡

| 序号 | 处置措施 | 执行情况 |
|---|---|---|
| 1 | 观察是否还存在坠落物和飞出物，立即疏散周围人员、断开动力机械电源。 | |
| 2 | 组织人员抢救伤者，搬走压在伤者身上的物体。 | |
| 3 | 尽量不要移动伤者，对休克、骨折和出血等进行紧急处理，不要拔出插在伤者身上的异物。 | |
| 4 | 立即汇报场长。 | |
| 5 | 场长根据伤情确定是否需要联系急救。 | |
| 6 | 场长立即向公司总经理、分管副总经理和相关职能部门汇报。（时间、地点以及现场情况；简要经过；伤亡情况；已经采取的措施。） | |

| 注意事项 | |
|---|---|
| 序号 | 内容 |
| 1 | 重伤者运送应用担架，腹部创伤及脊柱损伤者，应用卧位运送，胸部伤者一般采用卧位，颅脑损伤者一般取仰卧偏头或侧卧位。 |
| 2 | 抢救失血者，应先进行止血；抢救休克者，应采取保暖措施，防止热损耗；抢救脊椎受伤者，应将伤者平卧放在担架或硬板上，严禁只抬伤者的两肩与两腿或单肩背运。 |

| 应急物资 | | |
|---|---|---|
| 序号 | 物资名称 | 数量 |
| 1 | 急救箱 | 1个 |

| 主要联系电话 | | | |
|---|---|---|---|
| 单位 | 部门职务 | 办公电话 | 手机 |
| ××公司 | 风电场场长 | | |
| ××公司 | 生技部主任 | | |
| ××公司 | 安监部主任 | | |
| ××公司 | 副总经理 | | |
| ××公司 | 总经理 | | |
| ××公司 | 值班室 | | |
| 能监局 | 值班室 | | |
| 急救中心 | 值班室 | | |
| 安监局 | 值班室 | | |
| 中心医院 | 值班室 | | |
| 急救中心 | 值班室 | | |
| 派出所 | 值班室 | | |

## 2.15　腰椎伤害应急处置卡

| 序号 | 处置措施 | 执行情况 |
|---|---|---|
| 1 | 就地迅速检查，判定有无合并颅脑、骨盆、胸腹的损伤，以免延误抢救而危及生命。 | |
| 2 | 将伤员平卧在硬木板上，并将腰椎躯干及两侧下肢一同进行固定，预防瘫痪。 | |
| 3 | 无其他脏器损伤，伤员因骨折产生剧烈疼痛，可适当选用止痛剂。 | |
| 4 | 汇报场长。 | |
| 5 | 场长根据伤情确定是否需要联系急救。 | |
| 6 | 场长立即向公司总经理、分管副总经理和相关职能部门汇报。（时间、地点以及现场情况；简要经过；伤亡情况；已经采取的措施。） | |

| 注意事项 | |
|---|---|
| 序号 | 内容 |
| 1 | 腰椎骨折时搬运时应数人合作，保持平稳，不能扭曲腰部。 |
| 2 | 若为软质担架，伤员采取仰卧位，禁止屈曲。 |

| 应急物资 | | |
|---|---|---|
| 序号 | 物资名称 | 数量 |
| 1 | 急救箱 | 1个 |

| 主要联系电话 | | | |
|---|---|---|---|
| 职务 | 部门职务 | 办公电话 | 手机 |
| ××公司 | 风电场场长 | | |
| ××公司 | 生技部主任 | | |
| ××公司 | 安监部主任 | | |
| ××公司 | 副总经理 | | |
| ××公司 | 总经理 | | |
| ××公司 | 值班室 | | |
| 能监局 | 值班室 | | |
| 急救中心 | 值班室 | | |
| 安监局 | 值班室 | | |
| 中心医院 | 值班室 | | |
| 急救中心 | 值班室 | | |
| 派出所 | 值班室 | | |

## 2.16 灼烫伤害应急处置卡

| 序号 | 处置措施 | 执行情况 |
|------|----------|----------|
| 1 | 停止相关操作，使人体远离危险源。 | |
| 2 | 将伤者灼烫伤口的衣物、鞋袜用剪刀除去。 | |
| 3 | 轻伤时，用消毒水或清水冲洗伤口，用纱布或清洁布片覆盖伤口，保持伤口清洁，然后到医院进一步进行处置。 | |
| 4 | 如果烫伤面积较大，伤者应该将整个身体浸泡在放满冷水的浴缸中。可以将纱布或绷带松松的缠绕在烫伤处以保护伤口。 | |
| 5 | 现场人员同时将情况汇报场长。 | |
| 6 | 场长根据伤情确定是否需要联系急救。 | |
| 7 | 场长立即向公司总经理、分管副总经理和相关职能部门汇报。（事故初步原因判断；时间、地点以及现场情况；简要经过；伤亡情况；已知的设备、设施损坏情况；已经采取的措施。） | |

| 注意事项 | |
|------|------|
| 序号 | 内容 |
| 1 | 未经医务人员同意，切忌在烧伤和灼伤创面上敷擦任何东西和药物。 |
| 2 | 不要弄破伤口的水泡，以免污染伤口。 |
| 3 | 不要企图移去粘在伤处的衣物，必要时用剪刀除去。 |

| 应急物资 | | |
|------|------|------|
| 序号 | 物资名称 | 数量 |
| 1 | 急救药箱 | 1个 |

| 主要联系电话 | | | |
|------|------|------|------|
| 单位 | 部门职务 | 办公电话 | 手机 |
| ××公司 | 风电场场长 | | |
| ××公司 | 生技部主任 | | |
| ××公司 | 安监部主任 | | |
| ××公司 | 副总经理 | | |
| ××公司 | 总经理 | | |
| ××公司 | 值班室 | | |
| 能监局 | 值班室 | | |
| 急救中心 | 值班室 | | |
| 安监局 | 值班室 | | |
| 中心医院 | 值班室 | | |
| 急救中心 | 值班室 | | |
| 派出所 | 值班室 | | |

# 3　设备故障部分

## 3.1　变电站全停应急处置卡

| 序号 | 处置措施 | 执行情况 |
|---|---|---|
| 1 | 立即查看监控机、故障录波器和保护动作情况，确认波形和告警信息，并做好记录。 | |
| 2 | 立即汇报风场场长和集控中心。 | |
| 3 | 将厂用负荷倒至备用电源。 | |
| 4 | 检查厂内设备有无故障和损坏，汇报集控中心。 | |
| 5 | 如集电线路故障导致全停，应组织人员巡线。 | |
| 6 | 等待集控中心指令进行相应操作。 | |
| 7 | 场长向生产副总经理和相关职能部门汇报。 | |
| 注意事项 | | |
| 序号 | 内容 | |
| 1 | 按照调度命令进行操作，未得到调度命令前禁止对变电站设备进行操作。 | |
| 2 | 倒厂用电源防止非同期。 | |
| 3 | 非紧急事故处理必须使用操作票。 | |

| 应急物资 | | |
|---|---|---|
| 序号 | 物资名称 | 数量 |
| 1 | 手电 | 2 支 |
| 2 | 对讲机 | 4 对 |

| 主要联系电话 | | | |
|---|---|---|---|
| 单位 | 部门职务 | 办公电话 | 手机 |
| ××公司 | 风电场场长 | | |
| ××公司 | 生技部主任 | | |
| ××公司 | 安监部主任 | | |
| ××公司 | 副总经理 | | |
| ××公司 | 总经理 | | |
| ××公司 | 值班室 | | |
| 能监局 | 值班室 | | |
| 急救中心 | 值班室 | | |
| 安监局 | 值班室 | | |
| 中心医院 | 值班室 | | |
| 派出所 | 值班室 | | |

## 3.2　风电机组倒塔应急处置卡

| 序号 | 处置措施 | 执行情况 |
|---|---|---|
| 1 | 立即汇报场长。 | |
| 2 | 立即拉开对应风电机组的跌落断路器，检查设备状况。如影响其他设备正常运行，应将其他设备停运。 | |
| 3 | 在事故风电机组周围设置警戒线，防止其他人员误入。 | |
| 4 | 场长立即向公司总经理、分管副总经理和相关职能部门汇报。（时间、地点以及现场情况；简要经过；已知的设备、设施损坏情况；已经采取的措施。） | |
| 注意事项 | | |
| 序号 | 内容 | |
| 1 | 事故调查前，要保护好现场，防止破坏现场。 | |
| 2 | 无关人员禁止进入警戒区内，防止发生二次坠落，造成人员伤亡。 | |

| 应急物资 | | |
|---|---|---|
| 序号 | 物资名称 | 数量 |
| 1 | 围栏 | 500 米 |
| 2 | 对讲机 | 2 对 |
| 3 | 灭火器 | 若干 |
| 4 | 风力灭火机 | 5 台 |
| 5 | 铁锹 | 10 把 |

| 主要联系电话 | | | |
|---|---|---|---|
| 单位 | 部门职务 | 办公电话 | 手机 |
| ××公司 | 风电场场长 | | |
| ××公司 | 生技部主任 | | |
| ××公司 | 安监部主任 | | |
| ××公司 | 副总经理 | | |
| ××公司 | 总经理 | | |
| ××公司 | 值班室 | | |
| 能监局 | 值班室 | | |
| 急救中心 | 值班室 | | |
| 安监局 | 值班室 | | |
| 中心医院 | 值班室 | | |
| 防火办 | 值班室 | | |

## 3.3  风电机组叶轮超速应急处置卡

| 序号 | 处置措施 | 执行情况 |
|---|---|---|
| 1 | 工作人员立即从风电机组上风向撤离现场,尽量远离风电机组。 | |
| 2 | 立即远程停机。若无法远程停机时,断开风电机组所在集电线路断路器。同时汇报场长。 | |
| 3 | 在风电机组周围路口设立警示标识,设专人看护,禁止无关人员靠近故障风电机组。 | |
| 4 | 场长立即向公司总经理、分管副总经理和相关职能部门汇报。(事故初步原因判断;时间、地点以及现场情况;简要经过;伤亡情况;已知的设备、设施损坏情况;已经采取的措施。) | |

| 注意事项 | |
|---|---|
| 序号 | 内容 |
| 1 | 立即通知外出作业人员远离事故风电机组。 |

| 应急物资 | | |
|---|---|---|
| 序号 | 物资名称 | 数量 |
| 1 | 对讲机 | 4 对 |
| 2 | 围栏 | 500 米 |

| 主要联系电话 | | | |
|---|---|---|---|
| 单位 | 部门职务 | 办公电话 | 手机 |
| ××公司 | 风电场场长 | | |
| ××公司 | 生技部主任 | | |
| ××公司 | 安监部主任 | | |
| ××公司 | 副总经理 | | |
| ××公司 | 总经理 | | |
| ××公司 | 值班室 | | |
| 能监局 | 值班室 | | |
| 急救中心 | 值班室 | | |
| 安监局 | 值班室 | | |
| 中心医院 | 值班室 | | |
| 防火办 | 值班室 | | |

## 3.4　监控系统故障应急处置卡

| 序号 | 处置措施 | 执行情况 |
|---|---|---|
| 1 | 立即汇报场长和集控中心。 | |
| 2 | 联系集控中心判断是服务器问题还是监控机问题。 | |
| 3 | 对服务器或监控机进行重启。如故障仍未消除，联系厂家或相关技术人员进行处理。 | |
| 4 | 密切关注风场总出力，接近调度出力限制时，就地将风电机组停运或者停运线路。 | |
| 5 | 场长向生产副总经理和相关职能部门汇报。 | |

| 注意事项 | |
|---|---|
| 序号 | 内容 |
| 1 | 在未确定服务器故障前，不得随意重启服务器。 |

| 应急物资 | | |
|---|---|---|
| 序号 | 物资名称 | 数量 |
| 1 | 对讲机 | 1 对 |

| 主要联系电话 | | | |
|---|---|---|---|
| 单位 | 部门职务 | 办公电话 | 手机 |
| ××公司 | 风电场场长 | | |
| ××公司 | 生技部主任 | | |
| ××公司 | 安监部主任 | | |
| ××公司 | 副总经理 | | |
| ××公司 | 总经理 | | |
| ××公司 | 值班室 | | |
| 能监局 | 值班室 | | |
| 急救中心 | 值班室 | | |
| 安监局 | 值班室 | | |
| 中心医院 | 值班室 | | |
| 派出所 | 值班室 | | |

## 3.5  桨叶掉落应急处置卡

| 序号 | 处置措施 | 执行情况 |
|------|----------|----------|
| 1 | 立即远程停机，同时汇报场长。 | |
| 2 | 现场检查设备损坏情况，必要时锁定叶轮。 | |
| 3 | 在事故风电机组周围设置警戒线，防止人员误入危险区域被掉落物砸伤。 | |
| 4 | 场长立即向公司总经理、分管副总经理和相关职能部门汇报。（时间、地点以及现场情况；简要经过；已知的设备、设施损坏。） | |

| 注意事项 | |
|------|------|
| 序号 | 内容 |
| 1 | 事故调查前，要保护好现场，防止破坏现场。 |
| 2 | 无关人员禁止进入警戒区内，防止发生二次坠落，造成人员伤亡。 |

| 应急物资 | | |
|------|------|------|
| 序号 | 物资名称 | 数量 |
| 1 | 围栏 | 500 米 |
| 2 | 对讲机 | 2 对 |

| 主要联系电话 | | | |
|------|------|------|------|
| 单位 | 部门职务 | 办公电话 | 手机 |
| ××公司 | 风电场场长 | | |
| ××公司 | 生技部主任 | | |
| ××公司 | 安监部主任 | | |
| ××公司 | 副总经理 | | |
| ××公司 | 总经理 | | |
| ××公司 | 值班室 | | |
| 能监局 | 值班室 | | |
| 急救中心 | 值班室 | | |
| 安监局 | 值班室 | | |
| 中心医院 | 值班室 | | |
| 防火办 | 值班室 | | |

# 4 自然灾害部分

## 4.1 冰冻灾害应急处置卡

| 序号 | 处置措施 | 执行情况 |
|---|---|---|
| 1 | 对风电场生产、生活设备设施进行全面检查，汇报场长。 | |
| 2 | 人员做好防护措施，对变电站内结冰可能导致短路接地处用绝缘杆进行清理。 | |
| 3 | 组织对主要道路进行清积雪、清积冰工作，同时车辆做好防滑措施，减少车辆外出。 | |
| 4 | 对生活水系统做好保温措施，防止冻结冻裂管路，影响正常生产生活。 | |
| 5 | 维护人员对线路导线或绝缘子结冰现象加强检查，必要时停电处理。 | |
| **注意事项** | | |
| 序号 | 内容 | |
| 1 | 外出作业人员做好防寒保暖措施，保证通信畅通，带好铁锹工具。 | |
| 2 | 用绝缘杆除冰应戴好绝缘手套、安全帽，禁止站在冰溜正下方。 | |

| **应急物资** | | |
|---|---|---|
| 序号 | 物资名称 | 数量 |
| 1 | 铁锹 | 5 把 |
| 2 | 棉衣 | 4 件 |

| **主要联系电话** | | | |
|---|---|---|---|
| 单位 | 部门职务 | 办公电话 | 手机 |
| ××公司 | 风电场场长 | | |
| ××公司 | 生技部主任 | | |
| ××公司 | 安监部主任 | | |
| ××公司 | 副总经理 | | |
| ××公司 | 总经理 | | |
| ××公司 | 值班室 | | |
| 能监局 | 值班室 | | |
| 急救中心 | 值班室 | | |
| 安监局 | 值班室 | | |
| 中心医院 | 值班室 | | |
| 急救中心 | 值班室 | | |
| 派出所 | 值班室 | | |

## 4.2　地震灾害应急处置卡

| 序号 | 处置措施 | 执行情况 |
|---|---|---|
| 1 | 　有轻微震感时，立即大声呼叫通知所有人员撤离至室外紧急避难场所；有强烈震感时，应选择结实、能掩护身体、易于形成三角空间的地方，进行躲避。 | |
| 2 | 　转移到安全区域后应清点人数，通知外出作业人员尽快撤离，远离风电机组。立即汇报场长。 | |
| 3 | 　在保证安全的前提下，检查设备及建筑物的受损情况，收集相关信息，防止发生次生灾害。 | |
| 4 | 　场长根据伤情确定是否需要联系急救。 | |
| 5 | 　场长立即向公司总经理、分管副总经理和相关职能部门汇报。（时间、地点以及现场情况；简要经过；伤亡情况；已知的设备、设施损坏情况；已经采取的措施。） | |

| 注意事项 | |
|---|---|
| 序号 | 内容 |
| 1 | 　在室外避难时，应远离变电设备区，防止因设备倒塌、导线脱落、爆炸等造成人员的伤亡。 |
| 2 | 　灾后巡检时，安全帽、绝缘靴等个人安全防护佩戴齐全。 |
| 3 | 　人员受困时尽量保持体力，不要哭喊、急躁和盲目行动，等待救援人员。 |

| 应急物资 | | |
|---|---|---|
| 序号 | 物资名称 | 数量 |
| 1 | 应急手电 | 4 把 |
| 2 | 应急手机 | 1 部 |
| 3 | 急救药箱 | 1 个 |

| 主要联系电话 | | | |
|---|---|---|---|
| 单位 | 部门职务 | 办公电话 | 手机 |
| ××公司 | 风电场场长 | | |
| ××公司 | 生技部主任 | | |
| ××公司 | 安监部主任 | | |
| ××公司 | 副总经理 | | |
| ××公司 | 总经理 | | |
| ××公司 | 值班室 | | |
| 能监局 | 值班室 | | |
| 急救中心 | 值班室 | | |
| 安监局 | 值班室 | | |
| 中心医院 | 值班室 | | |
| 急救中心 | 值班室 | | |
| 派出所 | 值班室 | | |

## 4.3　洪汛灾害应急处置卡

| 序号 | 处置措施 | 执行情况 |
|---|---|---|
| 1 | 根据气象或当地媒体有关预警，洪汛到来前现场人员禁止外出作业，做好防洪防汛准备。 | |
| 2 | 将预警情况汇报场长。 | |
| 3 | 若洪汛可能导致设备事故，立即请示相关领导将设备停电，并设置安全警示标识。 | |
| 4 | 发生洪汛具备撤离条件时，清点好人数并有组织地向山坡、高地转移；来不及转移时，立即爬上屋顶暂时避险，等待救援。 | |
| 5 | 若电缆沟进水，应及时采取排水措施。 | |
| 6 | 场长根据汛情和受困情况确定是否需要联系救援。 | |
| 7 | 场长立即向公司总经理、分管副总经理和相关职能部门汇报。（时间、地点以及现场情况；简要经过；伤亡情况；已知的设备、设施损坏情况；已经采取的措施。） | |

| 注意事项 | | |
|---|---|---|
| 序号 | 内容 | |
| 1 | 一旦被洪汛包围要选择门板作为水上转移，不可选择游泳逃生或攀爬带电的电线杆、铁塔。 | |
| 2 | 发现高压线铁塔倾斜、电线低垂或断折时，要远离避险。 | |

| 应急物资 | | |
|---|---|---|
| 序号 | 物资名称 | 数量 |
| 1 | 沙袋 | 若干 |
| 2 | 铁锹 | 10 把 |
| 3 | 塑料布 | 若干 |
| 4 | 排水泵 | 1 台 |

| 主要联系电话 | | | |
|---|---|---|---|
| 单位 | 部门职务 | 办公电话 | 手机 |
| ××公司 | 风电场场长 | | |
| ××公司 | 生技部主任 | | |
| ××公司 | 安监部主任 | | |
| ××公司 | 副总经理 | | |
| ××公司 | 总经理 | | |
| ××公司 | 值班室 | | |
| 能监局 | 值班室 | | |
| 急救中心 | 值班室 | | |
| 安监局 | 值班室 | | |
| 中心医院 | 值班室 | | |
| 急救中心 | 值班室 | | |
| 派出所 | 值班室 | | |

## 4.4 雷电灾害应急处置卡

| 序号 | 处置措施 | 执行情况 |
|---|---|---|
| 1 | 发生雷雨天气，立即通知户外人员停止作业，关闭所有通信设备。 | |
| 2 | 作业人员应及时撤离风电机组。来不及撤离，可双脚并拢站在塔架平台上，不得触碰任何金属物体。 | |
| 3 | 发生设备遭雷击损坏，立即断开设备各侧电源，并设置安全警示标识。 | |
| 4 | 雷电过后在保证安全下，佩戴齐全个人防护用品检查设备运行情况。 | |

| 注意事项 | |
|---|---|
| 序号 | 内容 |
| 1 | 雷电时要关好门窗，防止雷电进屋。 |
| 2 | 在室外不要靠近铁塔、电线杆等高大物体，更不要躲在大树下或孤立的棚子里避雨。 |
| 3 | 雷雨天气不得安装、检修、维护和巡检风机，发生雷雨天气后一小时内禁止靠近风电机组。 |

| 应急物资 | | |
|---|---|---|
| 序号 | 物资名称 | 数量 |
| 1 | 绝缘靴 | 2双 |
| 2 | 雨衣 | 2件 |

| 主要联系电话 | | | |
|---|---|---|---|
| 单位 | 部门职务 | 办公电话 | 手机 |
| ××公司 | 风电场场长 | | |
| ××公司 | 生技部主任 | | |
| ××公司 | 安监部主任 | | |
| ××公司 | 副总经理 | | |
| ××公司 | 总经理 | | |
| ××公司 | 值班室 | | |
| 能监局 | 值班室 | | |
| 急救中心 | 值班室 | | |
| 安监局 | 值班室 | | |
| 中心医院 | 值班室 | | |
| 急救中心 | 值班室 | | |
| 派出所 | 值班室 | | |

## 4.5 泥石流灾害应急处置卡

| 序号 | 处置措施 | 执行情况 |
|---|---|---|
| 1 | 发生泥石流时，立即停止作业，撤离至安全地点。 | |
| 2 | 汇报场长。 | |
| 3 | 若泥石流可能导致设备事故，立即请示相关领导将设备停电，并设置安全警示标识。 | |
| 4 | 场长根据灾情确定是否需要联系救援。 | |
| 5 | 场长立即向公司总经理、分管副总经理和相关职能部门汇报。（时间、地点以及现场情况；简要经过；伤亡情况；已知的设备、设施损坏情况；已经采取的措施。） | |

| 注意事项 | |
|---|---|
| 序号 | 内容 |
| 1 | 泥石流的面积一般不会太宽，可就近选择安全区域避险。 |
| 2 | 根据现场地形，以与泥石流垂直的方向向未发生的高处逃避，绝对不能往泥石流下流走。 |

| 应急物资 | | |
|---|---|---|
| 序号 | 物资名称 | 数量 |
| 1 | 铁锹 | 5 把 |
| 2 | 应急手机 | 1 部 |
| 3 | 急救箱 | 1 个 |

| 主要联系电话 | | | |
|---|---|---|---|
| 单位 | 部门职务 | 办公电话 | 手机 |
| ××公司 | 风电场场长 | | |
| ××公司 | 生技部主任 | | |
| ××公司 | 安监部主任 | | |
| ××公司 | 副总经理 | | |
| ××公司 | 总经理 | | |
| ××公司 | 值班室 | | |
| 能监局 | 值班室 | | |
| 急救中心 | 值班室 | | |
| 安监局 | 值班室 | | |
| 中心医院 | 值班室 | | |
| 急救中心 | 值班室 | | |
| 派出所 | 值班室 | | |

## 4.6　强对流灾害应急处置卡

| 序号 | 处置措施 | 执行情况 |
|---|---|---|
| 1 | 根据气象预警强对流到来，通常伴随雷雨大风、冰雹等恶劣天气，通知现场人员禁止外出作业。 | |
| 2 | 检查生活厂区、生产设备等基础设施完好，及时关闭门窗，准备好应急物资。 | |
| 3 | 强对流天气过后在保证安全下，佩戴齐全个人防护用品检查设备运行情况。 | |
| 4 | 强对流天气造成人身、设备事故时，场长应及时向公司相关领导、职能部门汇报。 | |

| 注意事项 | |
|---|---|
| 序号 | 内容 |
| 1 | 恶劣天气过后，按正常工作程序开展生产自救工作，恢复风电场正常生产。 |
| 2 | 应急物资、应急工具及装备没有特殊情况下不得使用，定期进行维护和检查，其他使用后必须及时补充。 |

| 应急物资 | | |
|---|---|---|
| 序号 | 物资名称 | 数量 |
| 1 | 排水泵 | 2 台 |
| 2 | 雨衣 | 4 件 |
| 3 | 雨靴 | 6 双 |
| 4 | 救生衣 | 8 件 |

| 主要联系电话 | | | |
|---|---|---|---|
| 单位 | 部门职务 | 办公电话 | 手机 |
| ×× 公司 | 风电场场长 | | |
| ×× 公司 | 生技部主任 | | |
| ×× 公司 | 安监部主任 | | |
| ×× 公司 | 副总经理 | | |
| ×× 公司 | 总经理 | | |
| ×× 公司 | 值班室 | | |
| 能监局 | 值班室 | | |
| 急救中心 | 值班室 | | |
| 安监局 | 值班室 | | |
| 中心医院 | 值班室 | | |
| 急救中心 | 值班室 | | |
| 派出所 | 值班室 | | |

## 4.7 山体滑坡灾害应急处置卡

| 序号 | 处置措施 | 执行情况 |
|---|---|---|
| 1 | 发生山体滑坡事故时，人员立即停止作业，撤离至安全地点后清点人数。 | |
| 2 | 汇报场长。 | |
| 3 | 若山体滑坡可能导致设备事故，立即请示相关领导将设备停电，并设置安全警示标识。 | |
| 4 | 场长根据灾情确定是否需要联系救援。 | |
| 5 | 场长立即向公司总经理、分管副总经理和相关职能部门汇报。（时间、地点以及现场情况；简要经过；伤亡情况；已知的设备、设施损坏情况；已经采取的措施。） | |
| 注意事项 | | |
| 序号 | 内容 | |
| 1 | 发现山体滑坡时，人员立即向滑坡的垂直方向高处跑。 | |

| 应急物资 | | |
|---|---|---|
| 序号 | 物资名称 | 数量 |
| 1 | 铁锹 | 5 把 |
| 2 | 编织袋 | 若干 |
| 3 | 应急手机 | 1 部 |
| 4 | 急救箱 | 1 个 |

| 主要联系电话 | | | |
|---|---|---|---|
| 单位 | 部门职务 | 办公电话 | 手机 |
| ××公司 | 风电场场长 | | |
| ××公司 | 生技部主任 | | |
| ××公司 | 安监部主任 | | |
| ××公司 | 副总经理 | | |
| ××公司 | 总经理 | | |
| ××公司 | 值班室 | | |
| 能监局 | 值班室 | | |
| 急救中心 | 值班室 | | |
| 安监局 | 值班室 | | |
| 中心医院 | 值班室 | | |
| 急救中心 | 值班室 | | |
| 派出所 | 值班室 | | |

## 4.8　台风灾害应急处置卡

| 序号 | 处置措施 | 执行情况 |
|---|---|---|
| 1 | 根据气象预警，检查风场内基础设施完好，及时关闭门窗，检查有无杂物可能被卷到设备上，准备好应急物资，禁止外出作业。 | |
| 2 | 将预警情况汇报场长。 | |
| 3 | 向集控中心申请将风电机组全部停机。 | |
| 4 | 对厂内设备全面巡检，加固易被吹动的物体。 | |
| 5 | 若台风可能导致设备事故，立即请示相关领导将设备停电。 | |
| 6 | 场长根据灾情确定是否需要联系专业救援。 | |
| 7 | 场长立即向公司总经理、分管副总经理和相关职能部门汇报。（时间、地点以及现场情况；简要经过；伤亡情况；已知的设备、设施损坏情况；已经采取的措施。） | |

| 注意事项 | |
|---|---|
| 序号 | 内容 |
| 1 | 出现台风灾害地区当注意防范强降水，做好防范山体滑坡、泥石流等地质灾害的措施。 |

| 应急物资 | | |
|---|---|---|
| 序号 | 物资名称 | 数量 |
| 1 | 对讲机 | 2对 |
| 2 | 望远镜 | 1个 |
| 3 | 应急电话 | 1个 |

| 主要联系电话 | | | |
|---|---|---|---|
| 单位 | 部门职务 | 办公电话 | 手机 |
| ××公司 | 风电场场长 | | |
| ××公司 | 生技部主任 | | |
| ××公司 | 安监部主任 | | |
| ××公司 | 副总经理 | | |
| ××公司 | 总经理 | | |
| ××公司 | 值班室 | | |
| 能监局 | 值班室 | | |
| 急救中心 | 值班室 | | |
| 安监局 | 值班室 | | |
| 中心医院 | 值班室 | | |
| 急救中心 | 值班室 | | |
| 派出所 | 值班室 | | |

## 4.9　异常大雾应急处置卡

| 序号 | 处置措施 | 执行情况 |
|---|---|---|
| 1 | 场长依据气象部门发布的大雾预警级别，合理安排作业，无紧急情况禁止外出；已外出车辆原地待命。 | |
| 2 | 检查设备有无严重放电现象，若危及设备运行安全，应立即向领导汇报或直接联系集控中心停电。 | |
| 3 | 雾中行车时打开前后雾灯，行驶速度不大于 10km/h。 | |
| 注意事项 | | |
| 序号 | 内容 | |
| 1 | 大雾天气尽量避免进入变电所。 | |
| 2 | 雾中行车避免紧急刹车。 | |

| 应急物资 | | |
|---|---|---|
| 序号 | 物资名称 | 数量 |
| 1 | 强光手电 | 1 个 |

| 主要联系电话 | | | |
|---|---|---|---|
| 职务 | 部门职务 | 办公电话 | 手机 |
| ××公司 | 风电场场长 | | |
| ××公司 | 生技部主任 | | |
| ××公司 | 安监部主任 | | |
| ××公司 | 副总经理 | | |
| ××公司 | 总经理 | | |
| ××公司 | 值班室 | | |
| 能监局 | 值班室 | | |
| 急救中心 | 值班室 | | |
| 安监局 | 值班室 | | |
| 中心医院 | 值班室 | | |
| 急救中心 | 值班室 | | |
| 派出所 | 值班室 | | |

## 4.10　异常大雪应急处置卡

| 序号 | 处置措施 | 执行情况 |
|---|---|---|
| 1 | 禁止外出作业。 | |
| 2 | 汇报场长，检查设备有无严重覆冰、积雪现象，若危及设备运行安全，及时联系集控中心停电处理。 | |
| 3 | 检查室外端子箱、机构箱、电缆沟、风机机舱是否严密，有无进雪、积水结冰现象，构架及绝缘瓷件有无冻裂变形情况，发现问题及时进行处理。 | |
| 4 | 车辆出行前先清理道路积雪，做好防滑措施，确保车辆油料充足。 | |
| 5 | 人员紧急情况外出，做好防寒防冻措施，带齐铁锹、通信工具。 | |
| 6 | 人员受困时就近采取适当自救措施，与风场保持联系。 | |
| 注意事项 | | |
| 序号 | 内容 | |
| 1 | 储备足量的食品、饮用水、急救药品、油料等物资。 | |
| 2 | 现场要保证通信畅通。 | |

| 应急物资 | | |
|---|---|---|
| 序号 | 物资名称 | 数量 |
| 1 | 急救箱 | 1个 |
| 2 | 铁锹 | 5把 |
| 3 | 铲车 | 1台 |

| 主要联系电话 | | | |
|---|---|---|---|
| 单位 | 部门职务 | 办公电话 | 手机 |
| ××公司 | 风电场场长 | | |
| ××公司 | 生技部主任 | | |
| ××公司 | 安监部主任 | | |
| ××公司 | 副总经理 | | |
| ××公司 | 总经理 | | |
| ×公司 | 值班室 | | |
| 能监局 | 值班室 | | |
| 急救中心 | 值班室 | | |
| 安监局 | 值班室 | | |
| 中心医院 | 值班室 | | |
| 急救中心 | 值班室 | | |
| 派出所 | 值班室 | | |

## 4.11　异常大雨应急处置卡

| 序号 | 处置措施 | 执行情况 |
|---|---|---|
| 1 | 根据气象或当地媒体有关预警，大雨到来前现场人员禁止外出作业。 | |
| 2 | 检查风场基础设施完好，排水畅通，及时关闭门窗。 | |
| 3 | 发生险情，在确保人身安全情况下组织人员利用沙袋、水泵等进行抢险。 | |
| 4 | 雨后检查电缆沟和电缆夹层，及时将积水排尽。检查室外设备有无进水现象。 | |
| 5 | 如出现设备损坏、人员伤亡情况，场长根据伤情确定是否需要联系急救，向公司总经理、分管副总经理和相关职能部门汇报。(时间、地点以及现场情况；简要经过；伤亡情况；已知的设备、设施损坏情况；已经采取的措施。) | |

| 注意事项 | |
|---|---|
| 序号 | 内容 |
| 1 | 雨后进入变电站内要穿绝缘靴。 |
| 2 | 接引临时电源要使用带有漏电保护器的线轴，且在接引前验证漏电保护器良好。 |

| 应急物资 | | |
|---|---|---|
| 序号 | 物资名称 | 数量 |
| 1 | 水泵 | 1 台 |
| 2 | 沙袋 | 若干 |
| 3 | 强光手电 | 2 个 |

| 主要联系电话 | | | |
|---|---|---|---|
| 单位 | 部门职务 | 办公电话 | 手机 |
| × × 公司 | 风电场场长 | | |
| × × 公司 | 生技部主任 | | |
| × × 公司 | 安监部主任 | | |
| × × 公司 | 副总经理 | | |
| × × 公司 | 总经理 | | |
| × × 公司 | 值班室 | | |
| 能监局 | 值班室 | | |
| 急救中心 | 值班室 | | |
| 安监局 | 值班室 | | |
| 中心医院 | 值班室 | | |
| 急救中心 | 值班室 | | |
| 派出所 | 值班室 | | |

## 4.12　异常低温应急处置卡

| 序号 | 处置措施 | 执行情况 |
|---|---|---|
| 1 | 做好个人防护措施，检查设备运行情况，做好室外设备保暖措施（投入加热器、加装防寒罩）。 | |
| 2 | 对生活水系统做好保温措施，防止冻结冻裂管路，影响正常生产生活。 | |
| 3 | 外出作业前检查车辆状况是否良好、油料是否充足。 | |
| 4 | 异常低温引起风电机组大面积停机或设备异常，立即汇报场长。 | |

| 注意事项 | |
|---|---|
| 序号 | 内容 |
| 1 | 异常低温期间尽量减少外出作业。如特殊情况外出作业，人员应做好防寒保暖措施。 |

| 应急物资 | | |
|---|---|---|
| 序号 | 物资名称 | 数量 |
| 1 | 急救箱 | 1个 |
| 2 | 大衣 | 若干 |

| 主要联系电话 | | | |
|---|---|---|---|
| 单位 | 部门职务 | 办公电话 | 手机 |
| ××公司 | 风电场场长 | | |
| ××公司 | 生技部主任 | | |
| ××公司 | 安监部主任 | | |
| ××公司 | 副总经理 | | |
| ××公司 | 总经理 | | |
| ××公司 | 值班室 | | |
| 能监局 | 值班室 | | |
| 急救中心 | 值班室 | | |
| 安监局 | 值班室 | | |
| 中心医院 | 值班室 | | |
| 急救中心 | 值班室 | | |
| 派出所 | 值班室 | | |

## 4.13　异常高温应急处置卡

| 序号 | 处置措施 | 执行情况 |
|---|---|---|
| 1 | 异常高温天气尽量减少外出作业。如需外出作业人员应做好的防暑降温措施。 | |
| 2 | 如因环境高温造成设备异常或故障时，检查冷却装置是否正常运行。 | |
| 3 | 高温引起风电机组大面积停机，立即汇报场长。 | |

| 注意事项 | |
|---|---|
| 序号 | 内容 |
| 1 | 高温天气外出作业准备好绿豆汤等防暑饮品和防暑药品。 |

| 应急物资 | | |
|---|---|---|
| 序号 | 物资名称 | 数量 |
| 1 | 急救箱 | 1个 |

| 主要联系电话 | | | |
|---|---|---|---|
| 单位 | 部门职务 | 办公电话 | 手机 |
| ××公司 | 风电场场长 | | |
| ××公司 | 生技部主任 | | |
| ××公司 | 安监部主任 | | |
| ××公司 | 副总经理 | | |
| ××公司 | 总经理 | | |
| ××公司 | 值班室 | | |
| 能监局 | 值班室 | | |
| 急救中心 | 值班室 | | |
| 安监局 | 值班室 | | |
| 中心医院 | 值班室 | | |
| 急救中心 | 值班室 | | |
| 派出所 | 值班室 | | |

# 第二部分
# 突发事件现场处置方案

# 1　人身伤亡部分

## 1.1　高处坠落人身伤亡现场处置方案

（1）发现人立即将伤者转移到安全地带。若伤者出现创伤性出血，应首先处理伤口进行止血；若伤者发生骨折，应就地进行固定，防止移动时二次创伤。

（2）如果伤者处于昏迷状态但呼吸心跳未停止，应立即进行口对口人工呼吸，同时进行胸外心脏按压。

（3）如伤者心跳已停止，应先进行胸外心脏按压，直到心跳恢复为止。

（4）伤情较重时，应一边施救一边联系附近有条件的医院（电话：××××××××），详细说明伤者受伤情况和所处位置，或约定汇合地点，避免延误救治。

止血处理

伤口渗血：用较伤口稍大的消毒纱布数层覆盖伤口，然后进行包扎。若包扎后仍有较多渗血，可再加绷带适当加压止血。

伤口出血呈喷射状或鲜红血液涌出时，立即用清洁手指压迫出血点上方（近心端），使血流中断，并将出血肢体抬高或举高，以减少出血量。

用止血带或弹性较好的布带等止血时，应先用柔软布片或伤员的衣袖等数层垫在止血带下面，再扎紧止血带以刚使肢端动脉搏动消失为度。上肢每 60 分钟，下肢每

80分钟放松一次，每次放松1~2分钟。开始扎紧与每次放松的时间均应书面标明在止血带旁。扎紧时间不宜超过四小时。不要在上臂中三分之一处和腋窝下使用止血带，以免损伤神经。若放松时观察已无大出血，可暂停使用。严禁用电线；铁丝、细绳等作止血带使用。

高处坠落、撞击、挤压可能有胸腹内脏破裂出血，受伤者外观无出血但常表现面色苍白，脉搏细弱，气促，冷汗淋漓；四肢厥冷，烦躁不安，甚至神志不清等休克状态，应迅速躺平，抬高下肢，保持温暖，速送医院救治。若送院途中时间较长，可给伤员饮用少量糖盐水。

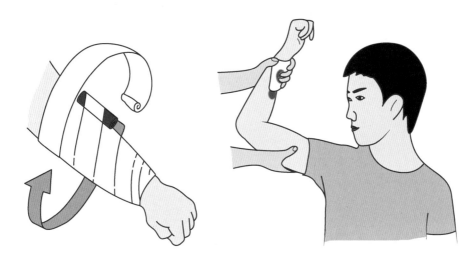

## 1.2 触电人身伤亡现场处置方案

（1）发现人立即使触电者迅速脱离电源。

（2）当发生低压触电时，应立即采取以下措施：

1）触电附近有电源开关或电源插座，应立即拉开开关或拔掉插头。

2）用有绝缘柄的电工钳或有干燥木柄的斧头切断电源。

3）若有电线搭落在触电者身上，可用干燥的木棒等绝缘物拉开触电者或挑开电线。

4）若触电者衣服是干燥的，可用手抓住衣服拉离电源。

（3）当发生高压触电时，发现人立即联系当值值班人员停电，用相应电压等级的绝缘工具按顺序拉开电源开关或熔断器或抛掷裸金属线使线路短路断电。

（4）伤者脱离电源后，现场救护人员应迅速对触电者的伤情进行判断，对症抢救，同时联系附近有条件的医院（电话：××××××××）进行抢救。

（5）触电伤者如神志清醒，应抬到空气新鲜、通风良好的地方躺下，使其慢慢恢复正常。

（6）触电者神志不清时，判断无意识、有心跳但呼吸停止或微弱时，应用仰头抬颌法，使气道开放并进行口对口人工呼吸。

（7）触电者神志丧失，判断意识无，心跳停止，但有极微弱的呼吸时，应立即实施心肺复苏法（畅通气道、胸外按压、口对口人工呼吸）进行抢救。

（8）触电者心跳、呼吸停止时，应立即进行心肺复苏法（畅通气道、胸外按压、口对口人工呼吸）抢救，不得延误和中断。

（9）在医务人员未接替抢救前，现场抢救人员不得放弃现场抢救。

现场急救处理

A：低压触电急救

触电者触及低压带电设备，救护人员应设法迅速切断电源，如拉开电源开关或刀闸，拔除电源插头等；或使用绝缘工具、干燥的木棒、木板、绳索等不导电的东西解脱触电者；也可抓住触电者干燥而不贴身的衣服，将其拖开，切记要避免碰到金属物体和触电者的裸露身躯；也可戴绝缘手套或将手用干燥衣物等包起绝缘后解脱触电者；救护人员也可站在绝缘垫上或干木板上，绝缘自己进行救护。为使触电者与导电体解脱，最好用一只手进行。如果电流通过触电者入地，并且触电者紧握电线，可设法用干木板塞到身下，与地隔离，也可用干木把斧子或有绝缘柄的钳子等将电线剪断。剪断电线要分相，一根一根地剪断，并尽可能站在绝缘物体或干木板上。

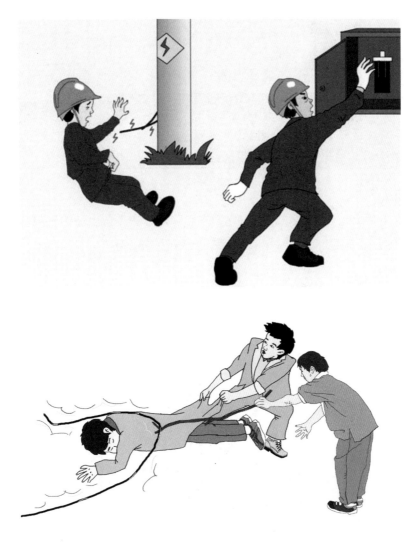

B：高压触电急救

触电者触及高压带电设备，救护人员应迅速切断电源，或用适合该电压等级的绝缘工具（戴绝缘手套、穿绝缘靴并用绝缘棒）解脱触电者。救护人员在抢救过程中应注意保持自身与周围带电部分必要的安全距离。

C：心肺复苏法

触电伤员呼吸和心跳均停止时，应立即按心肺复苏法支持生命的三项基本措施，正确进行就地抢救。

通畅气道；

口对口（鼻）人工呼吸；

胸外按压（人工循环）。

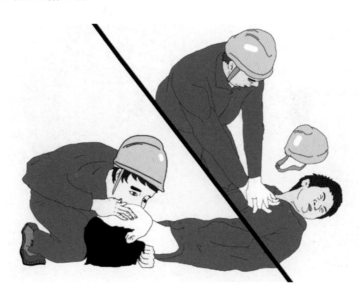

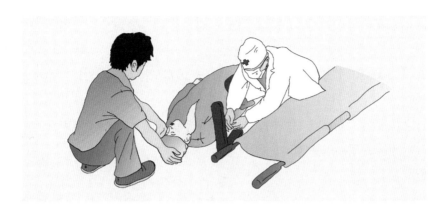

1. 通畅气道

触电伤员呼吸停止，重要的是始终确保气道通畅。如发现伤员口内有异物，可将其身体及头部同时侧转，迅速用一个手指或用两手指交叉从口角处插入，取出异物；操作中要注意防止将异物推到咽喉深部。

通畅气道可采用仰头抬颏法。用一只手放在触电者前额，另一只手的手指将其下颌骨向上抬起，两手协同将头部推向后仰，舌根随之抬起，气道即可通畅。严禁用枕头或其他物品垫在伤员头下，头部抬高前倾，会更加重气道阻塞，且使胸外按压时流向脑部的血流减少，甚至消失。

2. 口对口（鼻）人工呼吸

在保持伤员气道通畅的同时，救护人员用放在伤员额上的手的手指捏住伤员鼻翼，救护人员深吸气后，与伤员口对口紧合，在不漏气的情况下，先连续大口吹气两次，每次 1～1.5s。如两次吹气后试测颈动脉仍无搏动，可判断心跳已经停止，要立即同时进行胸外按压。

除开始时大口吹气两次外，正常口对口（鼻）呼吸的吹气量不需过大，以免引起胃膨胀。吹气和放松时要注意伤员胸部应有起伏的呼吸动作。吹气时如有较大阻力，可能是头部后仰不够，应及时纠正。

触电伤员如牙关紧闭，可由对鼻人工呼吸。口对鼻人工呼吸吹气时，要将伤员嘴唇紧闭，防止漏气。

3. 胸外按压

右手的食指和中指沿触电伤员的右侧肋弓下缘向上，找到肋骨和胸骨接合处的中点；

两手指并齐，中指放在切迹中点（剑突底部），食指平放在胸骨下部；

另一只手的掌根紧挨食指上缘，置于胸骨上，即为正确按压位置；

正确的按压姿势：

使伤员仰面躺在平硬的地方，救护人员立或跪在伤员一侧肩旁，救护人员的两肩位于伤员胸骨正上方，两臂伸立，肘关节固定不屈，两手掌根相叠，手指翘起，不接触伤员胸壁；

以髋关节为支点，利用上身的重力，垂直将正常成人胸骨压陷 3~5cm（儿童和瘦弱者酌减）；

压至要求程度后，立即全部放松，但放松时救护人员的掌根不得离开胸壁。按压必须有效，有效的标志是按压过程中可以触及颈动脉搏动。

操作频率：

胸外按压要以均匀速度进行，每分钟 80 次左右，每次按压和放松的时间相等；

胸外按压与口对口（鼻）人工呼吸同时进行，其节奏为：单人抢救时，每按压 15 次后吹气 2 次（15∶2），反复进行；双人抢救时，每按压 5 次后由另一人吹气 1 次（5∶1），反复进行。

## 1.3  机械伤害人身伤亡现场处置方案

（1）发现人立即将伤者转移到安全地带，采取防止受伤人员失血、休克、昏迷等紧急救护措施（包扎、止血等），同时联系附近有条件的医院（电话：××××××），根据现场实际情况对伤者进行现场急救或将受伤人员送到医院进行急救。

（2）若伤者需要抢救，应立即就地进行抢救，直至医护人员接替救治。

（3）伤者呼吸和心跳均停止时，应立即采取心肺复苏法进行抢救，以支持生命的三项基本措施，进行就地抢救。

（4）对失去知觉者宜清除口鼻中的异物、分泌物、呕吐物，随后将伤者置于侧卧位以防止窒息。

（5）现场施救人员要与医院做好伤者的交接，以协助医务人员尽快制定救治方案。

（6）发生人员骨折时，立即启动《骨折事故现场处置方案》。

## 1.4　烫伤人身伤亡现场处置方案

（1）先用凉水把伤处冲洗干净，然后把伤处放入凉水浸泡半小时。一般来说，浸泡时间越早，水温越低（不能低于5℃，以免冻伤），效果越好。但伤处已经起泡并破了的，不可浸泡，以防感染。

（2）皮肤被油或开水烫伤后，可用风油精、万花油或植物油（如麻油）直接涂于伤面，皮肤未破者，一般5分钟即可止痛。

（3）重度烫伤，在用以上方法处理的同时要联系附近有条件的医院急救（电话：××××××××）。

## 1.5　窒息人身伤亡现场处置方案

（1）呼吸道阻塞导致窒息的救护：现场救护人员将昏迷病人下颌上抬或压额抬后颈部，使头部伸直后仰，解除舌根后坠，使气道畅通。然后用手指或用吸引器将口咽部呕吐物、血块、痰液及其他异物挖出或抽出。当异物滑入气道时，可使病人俯卧，用拍背或压腹的方法，拍挤出异物。

（2）颈部受损导致窒息的救护：救护人员立即将伤者松解或剪开颈部的扼制物或绳索。呼吸停止立即进行人工呼吸。

（3）胸部严重损伤窒息的救护：现场救护人员使伤员处于半卧位，进行吸痰及血块，保持呼吸道通畅，封闭胸部开放伤口，速送医院急救。

（4）无论何种情况导致的窒息，都应在现场施救的同时，联系附近有条件的医院急救（电话：××××××）。

## 1.6　高温中暑人身伤亡现场处置方案

（1）高温中暑突发事件发生后，救护人员迅速将中暑者移至阴凉、通风的地方，同时垫高头部，解开衣裤，以利呼吸和散热，给予仁丹、十滴水或藿香正气散等，并补充含盐清凉饮料：淡盐水、冷西瓜水、绿豆汤等饮品。

（2）观察中暑者的生命体征、神志变化及各脏器功能状况、防治并发症。

（3）采用物理降温与药物降温结合的降温措施［如：头置冰袋或冰帽、大血管区置冰袋、将身体（头部除外）置于4℃水中］给中暑者进行降温，同时要不断摩擦四肢，防止血液循环停滞，促使热量散发。

（4）暂时停止现场作业，对工作场所的通风降温设施等进行检查，采取有效措施降低工作环境温度。

（5）病情严重者立即联系车辆，送往附近有条件的医院进行救治，途中与院方联系（电话：××××××）接应，以免延误救治。

高温中暑急救

烈日直射头部，环境温度过高，饮水过少或出汗过多等可以引起中暑现象，其症状一般为恶心、呕吐、胸闷、眩晕、虚脱，严重时抽搐、惊厥甚至昏迷。

应立即将病员从高温或日晒环境转移到阴凉通风处休息。用冷水擦浴，湿毛巾覆盖身体，电扇吹风，或在头部置冰袋等方法降温，并及时给伤员口服盐水。严重者送医院治疗。

## 1.7　交通人身伤亡现场处置方案

（1）事故现场人员向附近交通警察（电话：××××××××）报警的同时，向过往车辆和行人请求援助。

（2）立即开展自救，同时将警示标志应放置在距故障车 150 米路段并打开双闪警后车，夜晚发生故障时可以适当延长安全距离至 200 米，避免二次伤亡。

（3）根据现场人员的受伤程度进行紧急救护，在医务人员未接替抢救前，现场抢救人员不得放弃现场抢救。

（4）救援人员到达现场后脱险人员应向救援负责人交代现场情况，积极配合救援工作。

（5）当预测到现场可能发生爆炸等危险时，应设法尽快撤离到安全地带。

（6）发生骨折时，立即启动《骨折事故现场处置方案》。

### 1.8 冻伤人身伤亡现场处置方案

（1）发现人立即将伤者转移，脱离低温环境（轻度冻伤者自行离开），脱掉湿冷衣服、鞋袜和手套，换上干燥衣服和鞋袜。

（2）用温水（38~42℃）浸泡患处，浸泡后用毛巾或柔软的干布进行局部按摩。

（3）患处若破溃感染，在局部用65%~75%酒精消毒，吸出水泡内液体，外涂冻疮膏、樟脑软膏等，保暖包扎。必要时用抗生素及破伤风抗毒素。

（4）全身冻僵者，要迅速复温。先脱去或剪掉患者的湿冷的衣裤，在被褥中保暖，也可用25~30℃的温水进行淋浴或浸泡10分钟左右，使体温逐渐恢复正常。但应防止烫伤。

（5）如有条件可让患者进入温暖的房间，给予温暖的饮料，使伤者的体温快速升高。同时将冻伤的部位浸泡在38~42℃的温水中，水温不宜超过45℃，浸泡时间不能超过20分钟。

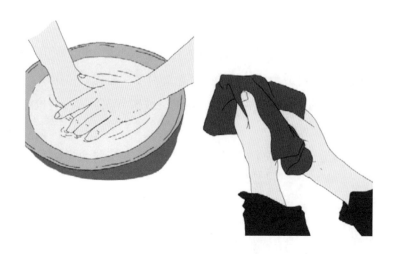

（6）发生冻僵的伤者已无力自救，救助者应立即将其转运至温暖的房间内，搬运时动作要轻柔，避免僵直身体的损伤。然后迅速脱去伤者潮湿的衣服和鞋袜，将伤者放在38～42℃的温水中浸浴；如果衣物已冻结在伤者的肢体上，不可强行脱下，以免损伤皮肤，可连同衣物一起放入温水，待解冻后取下。

（7）对于严重冻伤或冻僵伤者，在进行初步急救后，待伤者有所好转后，立即送往附近有条件的医院（电话：×××××××）进行康复治疗。

注：错误的复温方法，如拍打、冷水浸泡、雪搓或火烤等。

冻伤急救处理

冻伤使肌肉僵直，严重者深及骨骼，在救护搬运过程中动作要轻柔，不要强使其肢体弯曲活动，以免加重损伤，应使用担架，将伤员平卧并抬至温暖室内救治。

将伤员身上潮湿的衣服剪去后用干燥柔软的衣服覆盖，不得烤火或搓雪。

全身冻伤者呼吸和心跳有时十分微弱，不应误认为死亡，应努力抢救。

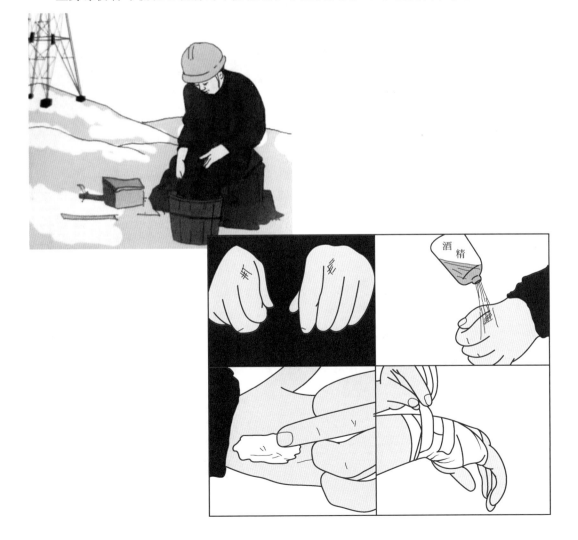

## 1.9    骨折现场处置方案

（1）发生骨折事故，事故现场人员立即对伤者展开紧急救护，同时联系附近有条件的医院（电话：×××××××），若无需躺卧，则在进行简单固定后，用风场车辆送往医院。

（2）若需躺卧，则应一边对病人施救一边等待医院急救车辆到现场。

（3）肢体骨折可用夹板或木棍、竹杆等将断骨上、下方关节固定，也可利用伤者身体进行固定，避免骨折部位移动，以减少疼痛，防止伤势恶化。

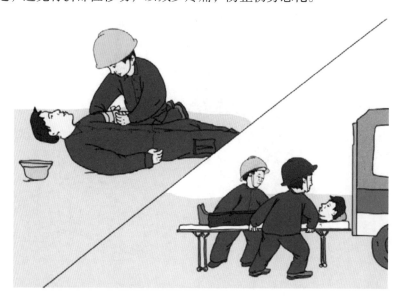

（4）开放性骨折，伴有大出血者应先止血，再固定，并用干净布片覆盖伤口，然后迅速送医院救治，切勿将外露的断骨推回伤口内。

（5）疑有颈椎损伤，在使伤者平卧后，用沙土袋（或其他替代物）放置头部两侧使颈部固定不动，以免引起截瘫。必须进行口对口呼吸时，只能采用抬颌使气道通畅，不能再将头部后仰移动或转动头部，以免引起截瘫或死亡。

（6）腰椎骨折应将伤者平卧在平硬木板上，并将腰椎、躯干及二侧下肢一同进行固定预防瘫痪。搬动时应数人合作，保持平稳，不能扭曲。

## 1.10　火灾人身伤亡现场处置方案

（1）救护人员迅速将伤者转移，脱离火灾现场，置于通风良好的地方，清除口鼻分泌物，保持呼吸道通畅。

（2）在进行现场应急处置的同时与附近有条件的医院（电话：×××××××）联系支援抢救。

（3）衣服着火，迅速脱去燃烧的衣服，或就地打滚压灭火焰，或以水浇，或用衣被等物扑盖灭火。

（4）在烧伤后将受伤的肢体放在流动的自来水下冲洗或放在大盆中浸泡。

（5）如可能出现吸入性损伤，应迅速给伤者吸氧，保持呼吸道通畅，防止肺部感染和水肿。

1）轻度者需保持口鼻清洁，双氧水清洗漱口。中度出现呼吸困难者要尽早将气管切开并予吸氧（用正压呼吸器）。

2）重度呼吸道烧伤要进行以下处理：

a. 立即气管切开，应用间断加压给氧（用正压呼吸器）或人工辅助呼吸。

b. 应用氨茶碱、山莨菪碱或异丙嗪等解除支气管痉挛。必要时应用激素。

c. 气管内滴注或全身应用抗生素。

d. 保持呼吸道通畅，及时清除气管内分泌物，必要时用支气管镜吸出或支气管内灌洗。

（6）火灾伤者呼吸和心跳均停止时，应立即按心肺复苏法（畅通气道、胸外按压、口对口人工呼吸），支持生命的三项基本措施，进行就地抢救。

（7）在医务人员未接替抢救或未送到医院前，抢救人员不得放弃抢救。

*烧伤急救*

电灼伤、火焰烧伤或高温气、水烫伤均应保持伤口清洁。伤员的衣服鞋袜用剪刀剪开后除去。伤口全部用清洁布片覆盖，防止污染。四肢烧伤时，先用清洁冷水冲洗，然后用清洁布片或消毒纱布覆盖后送医院。

强酸或碱灼伤应立即用大量清水彻底冲洗，迅速将被侵蚀的衣物剪去。为防止酸、碱残留在伤口内，冲洗时间一般不少于10min。

未经医务人员同意，灼伤部位不宜敷搽任何东西和药物。

送医院途中，可给伤员多次少量口服糖盐水。

## 1.11　物体打击伤亡现场处置方案

（1）一般伤口的处置。

1）伤口不深的外出血症状，事故现场人员先用双氧水将创口的污物进行清洗，再用酒精消毒（无双氧水、酒精等消毒液时可用瓶装水冲洗伤口污物），伤口清洗干净后用纱布包扎止血。出血较严重者用多层纱布加压包扎止血，然后立即送往附近医院（电话：×××××××）进行进一步救治。

2）一般的小动脉出血，用多层敷料加压包扎即可止血。较大的动脉创伤出血，还应在出血位置的上方动脉搏动处用手指压迫或用止血胶带（或布带）在伤口近心端进行绑扎，加强止血效果。

3）大的动脉及较深创伤大出血，在现场做好应急止血加压包扎后，应立即通知医务室医护人员准备救护车，送往医院进行救治，以免贻误救治时机。

4）对出血较严重的伤者，在止血的同时，还应密切注视伤者的神志、皮肤温度、脉搏、呼吸等体征情况，以判断伤者是否进入休克状态。

（2）物体打击导致骨折时，立即启动《骨折事故现场处置方案》。

（3）颅脑损伤时，如呼吸和心跳均停止，应立即按心肺复苏法支持生命的三项基本措施（通畅气道、口对口人工呼吸和胸外按压），正确进行就地抢救，待伤情有所好转后，立即送往有条件的医院（电话：×××××××）进行进一步救治。

（4）以上施救过程在救援人员到达现场后结束，工作人员应配合救援人员进行救治。

颅脑外伤急救

应使伤员采取平卧位，保持气道通畅，若有呕吐，应扶好头部和身体，使头部和身体同时侧转，防止呕吐物造成窒息。

耳鼻有液体流出时，不要用棉花堵塞，只可轻轻拭去，以利降低颅内压力，也不可用力擤鼻，排除鼻内液体，或将液体再吸入鼻内。

颅脑外伤时，病情可能复杂多变，禁止给予饮食，速送医院诊治。

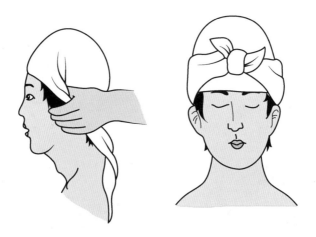

# 2 自然灾害部分

## 2.1 异常大雾现场处置方案

（1）遇有异常大雾天气时，当值值班员首先要重点观测设备有无严重放电现象，若危及设备运行安全，应立即向领导汇报或直接联系调度停电处理。

（2）风电场负责人通知所有现场人员，无特殊紧急情况禁止外出；所有外出作业车辆原等待；紧急情况行车时打，开前后雾灯，没有雾灯可开近光灯，但别开远光灯，行驶速度不大于 10km/h。转弯时要鸣喇叭，打转向灯，前后车辆距离保持在 20m 以上，在雾中停车时，要紧靠路边，最好开到道路以外，打开雾灯，不要坐在车里。

（3）关闭门窗，必须外出时戴好口罩。

## 2.2 异常大雪现场处置方案

（1）出现异常大雪天气时，当值值班员首先实时观测设备运行情况。如无法进行观测，立即向上级领导汇报后联系调度将设备停运。

（2）风场负责人或当值值班长与上级领导或当地政府主管部门（电话：×××××××）

取得联系，汇报异常天气情况，必要时请求支援。

（3）密切关注局部天气预报，若异常大雪天气短时间内无停止的可能，应当向上级领导汇报并向地政府主管部门请求支援疏导交通，清理积雪，同时合理安排现有生活物资的使用，等待外界救援物资。

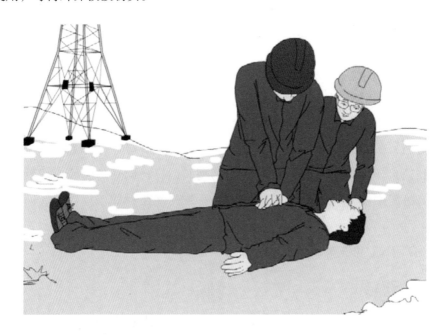

## 2.3　地震灾害现场处置方案

（1）当地震发生时，以低姿势躲在柜子、桌子等坚固的家具旁（切勿躲在下面）或有坚固物体支撑的房间里。

（2）当震感暂时消失后，所有人员应快速逃离到安全地带，逃离过程中应有组织，避免发生踩踏事件。

（3）震后将受伤人员就地实施急救，同时联系附近有条件的医院（电话：×××××××××）到现场施救。要说清具体地址，必要时可用风场现有车辆运送伤者到指定地点与医院方汇合，以减少耽搁时间。

（4）联系调度确定是否将变电站全停。

（5）风电场负责人或当值值班长安排人员对设备进行观测，对有明显隐患的设备联系调度立即停运。

（6）风电场负责人或当值值班长设法与上级领导取得联系，汇报详细受灾情况。

## 2.4　台风、洪汛、强对流天气现场处置方案

（1）风电场负责人或当值值班长，首先通知所有工作人员停止工作，立即躲避到安全地带。

（2）当值值班人员立即将全所设备停运并汇报上级领导和调度（若可能危及设备和人身安全）。

（3）强对流天气引发洪汛灾害时，风电场负责人或当值值班长组织人员准备适量的黄沙、沙袋、水管等防水水淹厂房应急材料，调试抽水泵，应急灯，对讲机等应急必须设备备用，对排水设施进行检查，保证排水疏通。

（4）若灾害发生造成人员伤害，风电场负责人或当值值班长立即组织展开现场自救，对受伤人员实施紧急救护，并设法联系当地医院（电话：××××××××）请求急救。

（5）台风、洪汛和强对流天气过后，风电场负责人或当值值班长立即组织人员对设备进行详细检查，发现问题立即联系处理。

## 2.5  异常高温现场处置方案

（1）遇有异常高温天气，当值班值班员首先认真观测设备运行情况。设备运行温度持续升高并超过上限时，投入全部冷却器；设备运行温度骤然升高时立即停止设备运行。

（2）风电场负责人或当值值班长下令停止所有室外作业，并要求所有人员立即到阴凉或有水源处避暑。

（3）食堂工作人员准备好绿豆汤等防暑饮品和防暑药品。

（4）出现高温中暑情况时，立即启动《高温中暑人身伤亡处置方案》。

## 2.6  异常低温现场处置方案

（1）异常低温天气时，当值值班员认真观测设备运行情况，必要时投入全部加热装置或联系停止设备运行。

（2）风电场负责人或当值值班长下令停止所有室外作业，所有人员立即回到主控楼内，组织人员对备用电源进行检查，确保全所停电后厂用电的供应。

（3）出现人员冻伤时，应立即启动《冻伤人身伤亡处置方案》。

## 2.7  地质灾害现场处置方案

（1）发现人立即向风电场负责人或当值值班长汇报。

（2）风电场负责人或当值值班长立即查看设备受损情况，若受损严重，根据具体情况立即将受损设备停运或将设备所在集电线路停运。

（3）若通信中断，应用移动通信、网络等方式与调度和上级领导取得联系，告知现场联系方式。

（4）若出现道路中断情况，风电场负责人或当值值班长组织人员和周边居民进行抢修。如危及人身安全，应尽快组织人员撤离到安全地带，并加强对险情监测，现场实行24小时值班，直到险情完全解除。

## 2.8　雷电灾害现场处置方案

（1）遇雷电天气时，当值值班员密切监视变电站设备和风机运行状态，做好应急处置准备工作，发现异常，果断采取应急措施。

（2）若雷击导致风机设备损坏，当值值班员立即将风机停电。

（3）若雷击导致线路或变电设备损坏，当值值班员立即将损坏设备停运，做好记录后向调度和上级领导汇报。

（4）若雷击引起草原火灾，则立即启动《草原火灾事故现场处置方案》。

（5）出现人员伤亡事故时，风电场负责人或当值值班长组织人员就地做好简单救治后送往附近有条件的医院，途中与医院联系（电话：××××××）做好救护准备工作。

## 2.9　雨雪冰冻灾害现场处置方案

（1）风电场负责人或当值值班长立即组织对变电所正常巡视检查路线进行清理，防止人员摔伤，并详细检查室外设备运行情况，绝缘子、导线结冰严重时，要根据实际情况停电除冰，防止绝缘子炸裂或导线负重过大断裂。

（2）组织人员步行对集电线路、杆塔和风电机组进行详细检查，发生结冰严重情况及时停电处理。

注意事项：

1）风电机组桨叶结冰时，应禁止接近风电机组 120m 以内，防止冰层脱落伤人。

2）在灾害未消除之前，应禁止驾驶车辆外出作业，防止发生车辆交通安全事故。

# 3　公用系统部分

## 3.1　变电所全所停电现场处置方案

（1）当值值班人员立即对故障信息、故障录波器动作情况和保护动作情况进行查看，并做好相关记录，汇报上级领导和调度。

（2）将厂用负荷倒至备用电源。

（3）风电场负责人或当值值班长检查变电所设备有无故障和损坏。

（4）若检查发现所内设备存在明显故障点，立即将故障情况报告上级领导和调度。

（5）如果因网侧原因造成全所停电，则应根据上级领导和调度指令进行操作。

## 3.2　生产调度通信中断现场处置方案

（1）风电场负责人或当值值班长通过外线电话、移动通信手段与调度取得联系，告知现有联系方式，并向上级领导汇报。

（2）生产调度启用应急通信方式：外线电话、移动通信等。

（3）联系检修班组进行处理。

## 3.3　风电机组倒塌现场处置方案

（1）当值值班员立即切断倒塌风电机组电源，并汇报上级领导。

（2）风电场负责人或当值值班长组织人员到现场检查其他设备受损情况，将受损设备停运。

（3）在事故现场周围以内设立安全警戒线，防止人员误入危险区域。

（4）若引起草原火灾事故，则立即启动《草原火灾现场处置方案》。

（5）若出现人员伤亡事故，立即送往附近医院（电话：×××××××）进行抢救。

## 3.4  风电机组监控与控制系统故障现场处置方案

（1）当值值班员发现风电机组监控或控制系统故障后，做好记录后立即向上级领导和调度汇报，同时联系厂家或相关技术人员进行处理。

（2）若风电机组上有作业人员，当值值班员应及时向其说明故障情况。

（3）当值值班员密切关注风电场总出力，若接近调度所限制出力上限时，及时联系调度将部分线路停运，或就地将风电机组停运。

（4）若风电机组控制系统故障，风电场负责人或当值值班长立即组织人员就地将该风电机组停电。

## 3.5　风电机组叶轮飞车现场处置方案

（1）发现人立即向当值值班员汇报。

（2）接到汇报后，当班值班员立即尝试远程将风电机组停机。

（3）若远程停机失败，在确保安全的情况下，就地停机。

（4）若远程和就地停机均失败，风电场负责人或当值值班长下令将故障风电机组停电，并设立安全警戒线，禁止在危险区域和桨叶旋转面内停留。

## 3.6　监控系统故障现场处置方案

（1）当值值班员立即将故障情况汇报上级领导，同时向调度汇报。

（2）风电场负责人或当值值班长组织检查备用机是否能够正常启动；如不能，将故障详细向厂家技术人员说明，取得技术支持，争取尽快处理。

（3）如现场不能自行处理，则立即通知厂家技术人员到现场处理。

（4）记录现场表计底数避免计量错误。

### 3.7　风电机组桨叶掉落现场处置方案

（1）风电场负责人或当值值班长在接到汇报后，立即组织人员对损坏的风电机组进行停电，若附近设备被桨叶砸坏，视严重程度决定是否将设备停电，并在风电机组120m 半径以外，设立安全警戒线，禁止人员误入危险区域被掉落物砸伤。

（2）若出现人身伤害事故，立即启动《物体打击伤亡事故处置方案》。

# 4　火灾与交通部分

## 4.1　变压器火灾现场处置方案

（1）当值值班员迅速切除各侧电源，停止冷却器，同时向上级领导和调度汇报，联系消防部门支援灭火（电话：××××××××）。

（2）风电场负责人或当值值班长组织人员用干式灭火器或1211灭火器灭火，不能扑灭时可用泡沫灭火器灭火，不得已时用干砂灭火。地面上的绝缘油着火，应用干砂灭火。

（3）有防火保护装置的变压器，可自动切断电源并进行灭火，否则当值值班员手动投入防火保护装置进行灭火。

（4）若油溢在变压器顶盖上面而着火时，风电场负责人或当值值班长组织人员打开下部油门放油至适当油位，若是变压器内部故障（差动保护和重瓦斯保护动作）引起着火时，则不能放油，以防变压器发生严重爆炸。

## 4.2　电缆着火现场处置方案

（1）发现人立即联系当值值班员切断着火电缆及相邻可能被引燃电缆的电源，若不能判断着火电缆所属设备，则将设备全停，同时向调度和风场负责人汇报。

（2）风电场负责人或当值值班长立即组织人员用干粉、二氧化碳、1211 等灭火剂灭火，也可用黄土、干砂或防火包进行覆盖，并将隧道失火段两端的防火门关闭。

（3）如在灭火过程中出现人身伤亡事故，立即启动《火灾伤亡事故处置方案》。

（4）扑救结束后，应及时对着火现场进行记录、拍照、录像，并保存起火处电缆残留段，以便对起火原因进行分析。吸取教训，防止再发生类似事故。

注意事项：

1）电缆燃烧时会产生有毒气体，进入电缆夹层、沟道内的灭火人员应用正压式空气呼吸器以防中毒和窒息。

2）在不能肯定被扑救电缆是否全部停电时，扑救人员应穿绝缘靴、戴绝缘手套，扑救过程中，禁止用手直接接触电缆外皮。

3）在救火过程中需注意防止倒塌、坠落及爆炸等伤人事故。

## 4.3  蓄电池爆炸现场处置方案

（1）发现人立即报告运行当班值长。

（2）当班值长接到报告后，立即安排值班员到现场进行确认。

（3）现场确认蓄电池爆炸后立即将爆炸电池所在组停电，并联系检修班组进行原因查找和更换电池。

## 4.4　燃油库着火现场处置方案

（1）火灾初起时在确保人身安全的情况下，风电场负责人或当值值班长立即组织人员将易爆物品转移，防止发生爆炸。

（2）扑救初起火灾的同时，向附近消防队（电话：×××××××）请求支援。

（3）风电场负责人或当值值班长下令断开燃油库内电源，并开启消防泵，向着火油罐喷洒冷水，使罐体降温。必要时可对相邻储油罐采取降温等保护措施。

（4）油溢到地面起火时，就近用干沙、泡沫灭火器、水、砂或土进行扑救。

（5）如火势无法控制，风电场负责人或当值值班长立即组织人员立即撤离到安全地带。

（6）如在灭火过程中出现人身伤亡事故，立即启动《火灾伤亡事故处置方案》。

## 4.5　档案室火灾现场处置方案

（1）发现火灾后，风电场负责人或当值值班长立即组织人员利用配备的有效消防设施进行灭火。

（2）火灾中出现人员伤亡时，立即启动《火灾人身伤亡现场处置方案》。

注意事项：

在灭火的过程中，要注意少用水多用灭火器，以减少资料受到水浸，造成资料损失。

## 4.6　草原火灾事故现场处置方案

（1）发现人立即向风电场负责人或当值值班长汇报，同时向周边居民求助。

（2）风电场负责人或当值值班长在接到通知后立即组织人员带好风力灭火机、铁锹、扫帚等到现场进行灭火。若火势较大，立即拨打火警电话（119）同时请求就近消防队支援（电话：×××××××××）。

（3）大火危及设备时，首先在设备周围用除草或加盖浮土的方式设立隔离带，防止设备受损。

（4）如火势无法控制，应根据着火部位及风向，确定安全的撤退线路，立即撤离火灾现场，等待支援。

（5）大火扑灭后用干沙进行填埋以确保火源彻底熄灭。

（6）出现人员烧伤事故时，立即启动《火灾伤亡事故处置方案》。

## 4.7　风电机组着火现场处置方案

（1）发现人员立即将风电机组停运或通知风场值班人员进行远方停运。

（2）若在风电机组作业时引起的火灾，现场人员利用一切可用设施进行灭火。若火情无法控制，立即采取有效逃生方式，尽快离开现场，关好塔筒门并封堵通风口。

（3）风电场负责人或当值值班长接到通知后，立即组织人员带好灭火用具和物资，尽快到达现场，同时拨打火灾救援电话（119）争取尽快救援。

（4）若起火点在风电机组底部且火情较轻，则戴好防毒面具，用二氧化碳灭火器进行灭火，进入风电机组内部不得少于两人或多于三人，人员进入后不得关闭风电机组门，以防灭火人员困在风电机组内。

（5）若起火点在风电机组顶部，或在风电机组底部但人员无法进入风电机组时，关好塔筒门并封堵通风口，根据着火部位及风向，确定安全的撤退线路，组织所有人员撤离到安全区域，防止风电机组倒塌或掉落物伤害。

（6）在安全区域绕风电机组一周挖防火隔离带，防止引发大面积草原火灾事故。

（7）如出现人身伤亡事故，立即启动《火灾伤亡事故处置方案》。

## 4.8　主控楼火灾现场处置方案

（1）发现人立即用身边现有工具进行灭火，同时向周围呼救。

（2）火灾初起阶段，火灾现场人员利用附近灭火器进行扑救，控制初起火灾，防止火势蔓延，同时拨打火警电话（119）并向辖区消防队（电话：××××××）请求支援。

（3）火灾可能危及通信室、直流室、电缆夹层或保护屏室时，应立即将通信室交、直流电源和保护屏室交、直流电源断开，必要时将全所设备停电，同时向调度和上级领导汇报。

（4）遇有人员烧伤时，立即启动《火灾伤亡事故现场处置方案》。

（5）电缆着火时，立即启动《电缆火灾事故现场处置方案》。

注意事项：

1）不允许不熟悉设备的人员组织指挥灭火。

2）楼内烟雾较大时，灭火人员应佩戴正压呼吸器或防毒面具等防护用具，防止有毒气体对人身的伤害。

# 5　公共卫生部分

## 5.1　恶性集体食物中毒现场处置方案

（1）在医务人员尚未赶到且病人意识清楚时，救护人员用匙柄、筷子、硬羽毛等刺激咽弓或咽后壁，使病人呕吐。但病人发生意识不清、昏迷时，不得使用。

（2）现场人员做好可疑有毒食品现场的保护和分析工作，争取尽快寻找到中毒原因。

（3）进行初步处理的同时联系附近医院（电话：××××××××）请求支援，并立即向上级领导汇报。

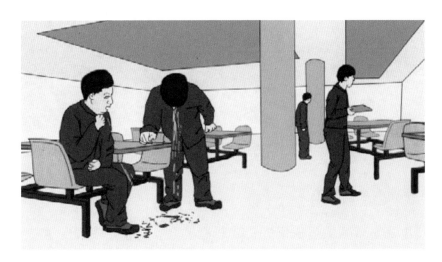

## 5.2　传染病疫情现场处置方案

（1）当现场发现疑似病例时，风电场负责人或当值值班长及时联系附近医院（电话：××××××××）到达现场对患者隔离治疗或转运，并对所有人员进行检查，发现疫情症状者及时进行治疗或隔离观察，并配合上级防疫部门调查、登记病人或者疑似病人的密切接触史。

（2）现场对来自疫区的人员中有可能接触传染病源的人员进行监测，必要时对接触病人或可疑病人进行隔离观察，每天进行1~2次常规检查，直到有效隔离期满后解除隔离。

（3）安排人员购买消杀效果好的药品，对所有人员房间和公共办公区域进行有效消毒，对确诊或可疑病人接触过的物品、呕吐物、排泄物，进行有效消毒；对不宜使用化学消杀药品消毒的物品，采取其他有效的消杀方法；对价值不大的污染物，采用在指定地点彻底焚烧，深度掩埋（2米以下），防止二次传播。

（4）风电场负责人或当值值班长派专车将病人转送到当地卫生行政部门指定的医疗机构进行救治，并将发病情况向收治医院详细介绍，帮助收治医院在最短时间内明确诊断，及时治疗。

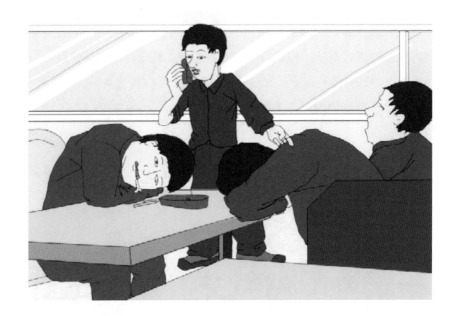

## 5.3　群体疾病现场处置方案

（1）风电场负责人或当值值班长立即汇报上级领导并联系当地医院（电话：××××××××），在当地医院的指导下进行抢救，根据已掌握的情况及疾病控制的基本理论选择适宜的应急处置措施。

（2）现场实行重症和普通病人分别管理，重症病人立即根据医生指导进行就地抢救，待情况好转后再转送医院，其他病人和疑似病人应用基本医疗知识立即就地治疗或送医院治疗。

（3）对可能污染的物品和环境进行消毒，加强食品、饮用水的卫生管理，保持室内通风良好。

（4）当群体性疾病暴发不能有效控制时，为保证生产有序进行，对部分健康人员进行集中居住，统一食宿，减少外界接触，以确保不被感染。

# 第三部分
# 突发事件综合应急预案（范例）

# 1　总　　则

## 1.1　编制目的

为提高 ×× 公司（以下简称公司）防范和应对各类突发事件的能力，正确、有效、快速处置各类突发事件，最大程度地预防和减少突发事件及其造成的损失和影响，切实保障人员生命和财产安全，维护正常的生产秩序，促进公司持续、健康、稳定发展，特制订本预案。

## 1.2　编制依据

《中华人民共和国突发事件应对法》（主席令第 69 号）

《中华人民共和国安全生产法》（主席令第 13 号）

《中华人民共和国环境保护法》（主席令第 22 号）

《生产安全事故报告和调查处理条例》（国务院第 493 号令）

《电力安全事故应急处置和调查处理条例》（国务院第 599 号令）

《电力生产事故调查暂行规定》（电监会第 4 号令）

《生产经营单位生产安全事故应急预案编制导则》（GB/T 29639—2013）

《电力企业综合应急预案编制导则》（电监安全〔2009〕22 号）

《电力企业应急预案管理办法》（国能安全〔2014〕508 号）

《国家突发公共事件综合应急预案》

## 1.3　适用范围

1.3.1　本预案适用于 ×× 公司对各类突发事件的指导、预防、应对和处置。

1.3.2　本预案同时适用于对 ×× 公司突发事件专项应急预案的规范和编制。

## 1.4　工作原则

1.4.1　以人为本，减少危害

把保障员工生命安全和身体健康作为首要任务，最大程度地减少突发事件造成的人员伤亡、财产损失和社会影响。

### 1.4.2 居安思危、预防为主

坚持预防与应急并重，树立常备不懈的观念，增强忧患意识，防患未然，做好应对突发事件的各项准备工作。

### 1.4.3 统一领导、分级负责

在××公司突发事件应急指挥机构组织协调下，各部门、各专业按照各自的职责和权限，负责有关事故灾难的应急管理和应急处置工作，建立健全应急预案体系和应急响应机制。

### 1.4.4 快速反应、协同应对

加强公司的应急队伍建设，建立健全联动协调机制。加强与当地政府及企业的沟通协作，整合内外部资源，协调开展突发事件处置工作。

### 1.4.5 依靠科技、提高素质

采用先进的救援装备和技术，增强应急救援能力。充分发挥专业应急救援队伍的作用，提高现场救援人员应对突发事件的综合能力。

## 1.5 预案体系

××公司应急预案体系由综合预案、专项预案和现场处置方案构成。

### 1.5.1 综合预案

综合预案是总体、全面的预案，主要阐述××公司应急救援的方针、政策、应急组织机构及相应的职责、应急行动的总体思路、预案体系及响应程序、事故预防及后勤保障、应急培训及预案演练等，是应急救援工作的基础和总纲。

### 1.5.2 专项预案

主要针对某种特有或具体的事故、事件或灾难风险出现的紧急情况，应急而制定的救援预案。××公司制定的专项预案如下：

（1）自然灾害类

针对可能面临的气象灾害［雨雪冰冻、强对流天气（含暴雨、雷电、龙卷风等）、洪水、大雾］、地震灾害、地质灾害（如地面塌陷）等自然灾害编制的专项应急预案。包括防雨雪冰冻灾害、防地质灾害等应急预案5个。

（2）事故灾难类

针对可能发生的人身事故、电网事故、设备事故、网络信息安全事故、火灾事故、交通事故等各类电力生产事故编制的专项应急预案。包括人身事故、电力设备事故、火灾事故等应急预案6个。

（3）公共卫生事件类

针对可能发生的传染病疫情、食物中毒等突发公共卫生事件编制的专项应急预案。包括食物中毒应急预案、传染病疫情事件应急预案 2 个。

（4）社会安全事件类

针对可能发生的群体性事件、突发新闻媒体事件等社会安全事件编制的专项应急预案。包括突发新闻媒体事件应急预案、群体性突发社会安全事件应急预案 2 个。

# 2 风 险 分 析

## 2.1 公司概况

××公司简介。

## 2.2 危险源与风险分析

2.2.1 存在影响企业安全生产，并对企业安全生产构成重大威胁的地震、山体滑坡、泥石流、雷电、冰冻等自然灾害等风险。

2.2.2 存在人身触电、高处坠落、高处落物、机械伤害等人身伤害风险，丛林地区还存在毒虫咬伤风险。

2.2.3 存在风电机组飞车、倒塔、着火、掉叶片等主设备损坏风险。

2.2.4 存在突发公共卫生事件的风险。

## 2.3 突发事件分级

依据国家有关主管部门相关规定，各类突发事件按照其性质、严重程度、可控性和影响范围等因素，突发事件一般分为四级：Ⅰ级（特别重大）、Ⅱ级（重大）、Ⅲ级（较大）和Ⅳ级（一般），具体情况如下：

Ⅰ级：造成或可能造成 30 人以上死亡，或者 100 人以上重伤，或者 1 亿元以上直接经济损失的。区域性电网减供负荷 30% 以上；电网负荷 20000 兆瓦以上的省、自治区电网减供负荷 30% 以上；电网负荷 5000 兆瓦以上 20000 兆瓦以下的省、自治区电网，减供负荷 40% 以上；直辖市电网减供负荷 50% 以上；电网负荷 2000 兆瓦以上的省、自治区人民政府所在地城市电网减供负荷 60% 以上；直辖市 60% 以上供电用户停电；电网负荷 2000 兆瓦以上的省、自治区人民政府所在地城市 70% 以上供电用户停电或对集团公司产生严重负面影响的各类突发事件。

Ⅱ级：造成或可能造成 10 人以上 30 人以下死亡，或者 50 人以上 100 人以下重伤，或者 5000 万元以上 1 亿元以下直接经济损失未构成特别重大事故的。区域性电网减供负荷 10% 以上 30% 以下、电网负荷 20000 兆瓦以上的省、自治区电网，减供负荷 13% 以上 30% 以下、电网负荷 5000 兆瓦以上 20000 兆瓦以下的省、自治区电网，减供负荷 16% 以上 40% 以下、电网负荷 1000 兆瓦以上 5000 兆瓦以下的省、自治区电网，减供负荷 50% 以上、直辖市电网减供负荷 20% 以上 50% 以下、省、自治区人民政府所在地城市电网减供负荷 40% 以上（电网负荷 2000 兆瓦以上的，减供负荷 40% 以上 60% 以下）、电网负荷 600 兆瓦以上的其他设区的市电网减供负荷 60% 以上、直辖市 30% 以上 60% 以下供电用户停电、省、自治区人民政府所在地城市 50% 以上供电用户停电（电网负荷 2000 兆瓦以上的，50% 以上 70% 以下）、电网负荷 600 兆瓦以上的其他设区的市 70% 以上供电用户停电或对 ×× 公司产生较重负面影响的各类突发事件。

Ⅲ级：造成或可能造成 3 人以上 10 人以下死亡，或者 10 人以上 50 人以下重伤，或者 1000 万元以上 5000 万元以下直接经济损失未构成重大事故的，较大设备或电网事故。区域性电网减供负荷 7% 以上 10% 以下、电网负荷 20000 兆瓦以上的省、自治区电网，减供负荷 10% 以上 13% 以下、电网负荷 5000 兆瓦以上 20000 兆瓦以下的省、自治区电网，减供负荷 12% 以上 16% 以下、电网负荷 1000 兆瓦以上 5000 兆瓦以下的省、自治区电网，减供负荷 20% 以上 50% 以下、电网负荷 1000 兆瓦以下的省、自治区电网，减供负荷 40% 以上、直辖市电网减供负荷 10% 以上 20% 以下、省、自治区人民政府所在地城市电网减供负荷 20% 以上 40% 以下、其他设区的市电网减供负荷 40% 以上（电网负荷 600 兆瓦以上的，减供负荷 40% 以上 60% 以下）、电网负荷 150 兆瓦以上的县级市电网减供负荷 60% 以上、直辖市 15% 以上 30% 以下供电用户停电、省、自治区人民政府所在地城市 30% 以上 50% 以下供电用户停电、其他设区的市 50% 以上供电用户停电（电网负荷 600 兆瓦以上的，50% 以上 70% 以下）、电网负荷 150 兆瓦以上的县级市 70% 以上供电用户停电、风电场或者 220 千伏以上变电站因安全故障造成全厂（站）对外停电，导致周边电压监视控制点电压低于调度机构规定的电压曲线值 20% 并且持续时间 30 分钟以上，或者导致周边电压监视控制点电压低于调度机构规定的电压曲线值 10% 并且持续时间 1 小时以上、风电机组因安全故障停止运行超过行业标准规定的大修时间两周，并导致电网减供负荷。

Ⅳ级：造成或可能造成 1 人及以上 3 人以下死亡，或者 10 人以下重伤，或者 1000 万元以下直接经济损失未构成较大事故的，一般设备损坏、机组停运。区域性电网减供负荷 4% 以上 7% 以下、电网负荷 20000 兆瓦以上的省、自治区电网，减供负荷 5% 以上 10% 以下、电网负荷 5000 兆瓦以上 20000 兆瓦以下的省、自治区电网，减供负荷 6% 以上 12% 以下、电网负荷 1000 兆瓦以上 5000 兆瓦以下的省、自治区电网，减供负荷 10% 以上 20% 以下、电网负荷 1000 兆瓦以下的省、自治区电网，减供负荷 25% 以上 40% 以下、直辖市电网减供负荷 5% 以上 10% 以下、省、自治区人民政府所在地城市电网减供负荷 10% 以上 20% 以下、其他设区的市电网减供负荷 20% 以上 40% 以下、县级市减供负荷 40% 以上（电网负荷 150 兆瓦以上的，减供负荷 40% 以上 60% 以下）、直辖市 10% 以上 15% 以下供电用户停电、省、自治区人民政府所在地城市 15% 以上 30% 以下供电用户停电、其他设区的市 30% 以上 50% 以下供电用户停电、县级市 50% 以上供电用户停电（电网负荷 150 兆瓦以上的，50% 以上 70% 以下）、风电场或者 220 千伏以上变电站因安全故障造成全厂（站）对外停电，导致周边电压监视控制点电压低于调度机构规定的电压曲线值 5% 以上 10% 以下并且持续时间 2 小时以上、风电机组因安全故障停止运行超过行业标准规定的小修时间两周，并导致电网减供负荷。

# 3　组织机构及职责

## 3.1　应急组织体系

　　××公司成立重大突发事件应急指挥机构，由 ×× 公司应急指挥机构领导小组和工作小组共同组成，负责 ×× 公司系统重大突发事件的应急管理工作。

3.1.1　应急指挥领导小组

　　总　指　挥：总经理

　　副总指挥：副总经理

　　成　　　员：各部门负责人

3.1.2　应急管理工作小组

　　主　　　任：主管安全生产副总经理

　　成　　　员：相关部门负责人

## 3.2　职责

3.2.1　领导小组主要职责

　　（1）贯彻落实国家、行业、集团、××公司有关重大突发事件管理工作的法律、法规，执行政府部门关于重大突发事件处理的重大部署；

　　（2）监督 ×× 公司本部及系统各企业的应急管理责任制的落实情况，协调各部门职责的划分；

　　（3）部署重大突发事件发生后的善后处理及生产、生活恢复工作；

　　（4）及时向政府部门报告 ×× 公司重大突发事件的发生及处理情况；

　　（5）签发审核论证后的应急预案。

3.2.2　应急管理工作小组主要职责

　　（1）具体负责应急指挥机构的日常工作，及时向应急指挥机构领导小组报告突发事件。

　　（2）归口 ×× 公司的突发事件应急管理工作，负责传达政府、行业及商家公司有关重大突发事件应急管理的方针、政策和规定。

　　（3）组织落实应急指挥机构领导小组提出的各项措施、要求，监督各企业的落实。

　　（4）制定 ×× 公司重大突发事件管理工作的各项规章制度和重大突发事件典型预案

库，指导××公司突发事件的管理工作：工作小组负责制定××公司安全生产突发事件管理工作规定和××公司各风电场安全生产典型预案库；制定××公司本部有关职工队伍和社会稳定以及防火、交通等突发事件的应急预案；制定××公司本部食堂、大面积传染病等公共卫生突发事件的应急管理。

（5）检查各风电场突发事件应急预案、日常应急准备工作、组织演练的情况；指导、协调突发事件的处理工作。

（6）对××公司各风电场的突发事件管理工作进行考核。

# 4　预　警

## 4.1　预警发布和相关要求

（1）监控负责人或者获得信息人直接报告风电场场长，场长按汇报程序向应急日常管理办公室汇报，应急日常管理办公室初步评判预警等级后，一同汇报日常管理办公室组长，办公室组长向应急领导小组汇报。

（2）应急指挥领导小组根据预测分析结果，对可能发生和可以预警的突发事件由总指挥发布预警信息，预警信息包括突发事件可能影响的范围、警示事项、应采取的措施等。

（3）预警信息的发布、调整和解除由应急救援办公室通过电话、信息网络、传真等方式通知各应急处置组。

（4）预警时，必须告知事故性质、对健康的影响、自我保护措施、注意事项等，以保证人员能够及时作出自我防护响应。决定实施疏散时，应确保人员了解疏散的相关信息，如疏散时间、路线及目的地等。

（5）突发事件发生后，应将有关事故的信息、影响、救援工作的进展等情况及时向公众进行统一发布，以消除人员的恐慌心理，控制谣言，避免公众的猜疑。

## 4.2　预警发布后的应对程序和措施

（1）按照早发现、早报告、早处置的原则，监控责任人负责对所管理范围内各种可能发生的突发事件的信息、常规监测数据等，定期开展跟踪监测、信息接收、报告处理、综合分析和风险评估。

（2）监控责任人发现异常情况及时逐级汇报应急指挥领导小组，应急指挥领导小组收集各种异常信息并应针对各种可能发生的突发事件，建立和完善与省公司总值班室、应急办、市政府总值班室、应急办、市经信委电力处、气象部门的沟通协作和天气监视、道路监控等信息共享，充分利用调度自动化系统、天气监视系统、雷电监测系统等各种技术手段，积极开展风险分析和预测预警。

（3）应急日常管理办公室接到异常信息，或收到上级总值班室、应急办、政府总值班室、应急办、反恐办、气象部门灾害天气预报等后，立即汇总相关信息，分析研判，提出公司预警发布建议，经公司应急领导小组批准后由应急日常管理办公室通过短信平台、传真、办公自动化系统、集群电话等方式负责发布，并根据情况变化适时调整预警级别，节假日期间由应急日常管理办公室照常发布预警信息。

（4）异常现象消失时，由应急日常管理办公室会同专业管理部门提出预警解除建议，报公司应急领导小组批准后由公司发布解除预警。

（5）根据预测分析结果，对可能发生和可以预警的突发事件进行预警。预警级别依据突发事件可能造成的危害程度、紧急程度和发展势态，一般划分为四级：Ⅰ级（红色）、Ⅱ级（橙色）、Ⅲ级（黄色）和Ⅳ级（蓝色），根据事态的发展情况和采取措施的效果，预警级别可以升级、降级或解除。

（6）各相关部门要根据突发事件的管理权限、危害性和紧急程度，发布、调整和解除预警信息。一般或较大级别的突发事件预警，由提出预警建议的部门按照有关规定，组织对外发布或宣布取消。重大或特别重大级别的突发事件的预警信息发布，由应急管理办公室报请领导小组组长批准，统一对外发布或宣布取消。并应根据事件的发展情况，及时发布预警升级、降级的信息，在预警的事件消失或处置后，应发布预警解除的信息。

（7）预警信息的发布一般通过通信的方式进行，预警信息包括突发事件的类别、预警级别、起始时间、可能影响范围、警示事项、应采取的措施和发布单位等。

（8）预警信息发布后，各部门、各专业应立即做出响应，进入相应的应急工作状态。同时各部门应根据已发布的预警级别，适时启动相应的突发事件应急处置预案，履行各自所应承担的职责。

## 4.3 信息报告与处置

4.3.1 突发事件发生后，各风电场要立即用电话、微信、QQ或电子邮件等方式上报××公司，报告时间最迟不得超过半小时，同时按规定通报所在地区和相关政府部门。

4.3.2 应急处置过程中，要及时续报有关情况。

4.3.3 应急救援工作结束后，按照响应由组织单位对应急救援工作进行总结，并报 ××公司备案。

4.3.4 造成事故的突发事件在事故结束后上报《事故调查报告书》。《事故调查报告书》由事故调查的组织单位以文件形式在事故发生后的 30 天内报出。特殊情况下，经集团公司同意可延至 45 天。由政府部门组织调查的事故上报时限从其规定，但事故单位在接到地方政府批复事故结案后 7 日内逐级上报 ××公司。

# 5 应 急 响 应

## 5.1 应急响应分级

针对事故危害程度、影响范围，结合本公司控制事态和应急处置能力，突发事件的应急响应一般分为Ⅰ级响应、Ⅱ级响应、Ⅲ级响应、Ⅳ级响应四级。

Ⅰ级响应：造成1人以上死亡，或者3人以上重伤（包括急性工业中毒），或者100万元以上直接经济损失的，或对××公司产生严重负面影响的各类突发事件。应急响应启动批准人为公司应急领导小组组长，责任主体为公司所有部门及人员。

Ⅱ级响应：造成1人死亡，或者2～3人重伤（包括急性工业中毒），或者50万元以上100万元以下直接经济损失的各类突发事件。应急响应启动批准人为公司应急领导小组副组长发布启动命令。责任主体为事发风电场所有人员及多个相关部门。

Ⅲ级响应：造成3人以上轻伤，或者1人重伤（包括急性工业中毒），或者10万元以上50万元以下直接经济损失各类突发事件。应急响应启动批准人为公司应急领导小组副组长发布启动命令。责任主体为事发风电场所有人员及相关部门。

Ⅳ级响应：造成1～2人轻伤（包括急性工业中毒），或者10万元以下直接经济损失的一般设备损坏等各类突发事件。应急响应启动批准人为公司应急领导小组组长授权风电场场长发布启动命令。责任主体为事发风电场所有人员。

## 5.2 响应程序

### 5.2.1 响应分级

出现下列情况时启动Ⅰ级响应：造成1人以上死亡，或者3人以上重伤（包括急性工业中毒），或者100万元以上直接经济损失的，或对××公司产生严重负面影响的各类突发事件。

出现下列情况时启动Ⅱ级响应：造成1人死亡，或者2～3人重伤（包括急性工业中毒），或者50万元以上100万元以下直接经济损失未构成特大事故的，重大设备或负有责任的重大电网事故或对××公司产生较重负面影响的各类突发事件。

出现下列情况时启动Ⅲ级响应：造成或可能造成3人以上轻伤，或者1人重伤（包括急性工业中毒），或者10万元以上50万元以下直接经济损失未构成重大事故的，较大设备事故和电网事故等各类突发事件。

出现下列情况时启动Ⅳ级响应：造成或可能造成 3 人以下死亡，或者 5 人以下重伤（包括急性工业中毒），或者 1000 万元以下直接经济损失未构成较大事故的，一般设备损坏、机组停运等各类突发事件。

超出本级应急处置能力时，应及时请求上一级应急救援指挥机构启动上一级应急预案。

#### 5.2.2　响应程序

（1）当发生突发事件时立即通知重大突发事件应急指挥机构，在应急指挥机构的领导下立即启动公司应急预案，组织实施现场应急响应，控制事态影响扩大。

（2）立即向上级主管单位报告，成立现场应急指挥部，组织现场应急救援工作。

（3）及时向地方政府主管部门等报告突发事件基本情况和应急救援的进展情况，根据地方政府的要求开展应急救援工作。

（4）组织公司相关专业人员分析情况，根据专业人员的建议以及地方政府应急要求，组织本公司相关应急救援力量参与应急救援，同时为政府应急指挥机构提供人员、技术和物质支持。

（5）突发事件相关部门，主动向现场应急指挥部提供应急救援有关的基础资料，供现场应急指挥部研究救援和处置方案时参考。需要有关应急力量支援时，应及时向地方政府，上级主管单位汇报请求。

### 5.3　应急结束

5.3.1　应急终止条件：

（1）事件现场得到控制，导致次生、衍生事故隐患消除。

（2）环境符合有关标准。

（3）采取了必要的防护措施以保护公众免受再次危害，并使事件可能引起的中长期影响趋于合理且尽量低的水平。

（4）经应急指挥部批准。

5.3.2　突发事件应急处置工作结束，或者相关危险因素消除后，现场应急指挥机构予以撤销。

5.3.3　突发事件结束后由应急日常管理办公室负责向上级主管单位上报突发事件报告以及应急工作总结报告等。

# 6　信 息 发 布

（1）在发生突发事件后，要做好对外新闻报道和舆论引导等工作，由新闻发布组统一对外进行信息发布。

（2）信息发布坚持"谁发布、谁负责"的原则，副总经理负责信息的发布和审核。所有信息必须经副总经理审核通过由专职人员负责发布，任何部门、个人不得擅自发布信息。

（3）信息发布前要填写发布审核登记表，所有上传信息、主管负责人审核签字的发布审核登记表要存档保存，以备查阅。

（4）发布的信息应具有较强的时效性，保证信息内容的真实、准确、完整。在发生突发事件4小时内进行突发事件时间、地点、级别的发布。24小时内，进行灾情、救援信息的发布。适时组织后续信息发布。

（5）发布前必须认真校对，确认无误后发布信息。发现问题及时更正，造成影响的要追究责任，并由责任单位和个人负责消除。

（6）信息发布形式主要包括组织报道、接受记者采访等。

（7）突发事件发生后，思想政治工作部配合新闻发布组通过网站、电视和报纸等媒介以图、文、声、像多种形式在公司内部对事件的大体情况及初步估算的影响后果进行及时报道。

# 7　后　期　处　置

## 7.1　应急恢复

应急结束后，生产技术部要对设备和设施状况进行针对性的检查。必要时，应开展技术鉴定工作，认真查找设备和设施在危急事件后可能存在的安全隐患，尽快恢复生产、生活秩序。

## 7.2　善后处理

应急结束后，系统各企业要对设备和设施状况进行针对性的检查。必要时，应开展技术鉴定工作，认真查找设备和设施在危急事件后可能存在的安全隐患，污染物处理等积极采取措施予以消除，尽快恢复生产、生活秩序。

## 7.3　调查与评估

要对突发事件的起因、性质、影响、责任、经验教训和恢复重建等问题进行调查评估，记录在案。

# 8 后勤保障

## 8.1 物资保障

根据风电场的特点，风电场自行配备编织袋、潜水泵等防洪物资。消防池、消防水箱、灭火器等消防物资。备用药品、医疗设备等。

## 8.2 应急队伍保障

公司各部门及风电场职工是应急救援的骨干力量，与当地中心医院、电业局和市消防中队签订协议，建立联动协调机制，提高应急工作能力。

## 8.3 通信与信息保障

××公司值班联系电话：×××××××

传真：×××××××

政府应急救援指挥中心电话

（1）××省应急救援指挥中心电话：×××××××

（2）××市应急救援指挥中心电话：×××××××

## 8.4 交通运输保障

车辆管理部门要保证紧急情况下交通工具的优先安排、优先调度，确保运输安全畅通。

## 8.5 其他保障

8.5.1 成立以 ×× 公司总经理为组长的层层连接、环环相扣的突发事件领导小组，以及突发事件专项小组的组织机构，明确职责分工、任务、目标和运作程序等。

8.5.2 根据不同的突发事件建立专职或兼职应急救援队伍，加强应急队伍的建设，熟悉应急知识，充分掌握各类突发事件处置措施，提高其应对突发事件的素质和能力。

8.5.3 配置完善的应急物资和技术装备，建立并落实严密的日常检查、维护等标准化管理制度，使各类事故处于可控状态，应急系统处于完备状态。

8.5.4 对于可能发生的各种突发事件，针对每一类突发事件的特点进行具体分析，制定相应的应急预案并报上级管理公司审批或备案。

8.5.5 地理位置较为边远的风电场需配置海事卫星电话或电台，专人负责管理。

# 9 培训与演练

## 9.1 培训

9.1.1 将应急管理培训工作纳入年度培训计划，有针对性地对应急救援和管理人员进行培训，使生产一线人员 100% 经过心肺复苏法培训，100% 经过消防器材使用的培训，电气人员 100% 经过触电急救培训。

9.1.2 每年至少组织一次应急管理培训，培训的主要内容应该包括：公司的应急预案体系构成，应急组织机构及职责、应急程序、应急资源保障情况和针对不同类型突发事件的预防和处置措施等。

9.1.3 如果预案涉及到社区和居民，应做好宣传教育和告知等工作。

## 9.2 演练

9.2.1 应急预案的演练坚持有计划、分层次的原则。演练分为桌面演练、功能演练、全面演练，企业在制定预案时以表格化明确演练的方式、时间的间隔，每年选择的全面演练方式不少于 4 次，其中消防类、高空急救、防全场停电类、防汛类应急预案演练必须纳入其中。

9.2.2 公司每年抽查所属风电场随机演练不少于 2 次。随机演练是一种预告不通知的应急预案演练，其目的主要是检验风电场真正应对突发事件的能力。

9.2.3 预案演练由安全监察部负责组织实施，参与范围为全公司各部门及人员，应急指挥领导小组对演练效果进行评审和总结。

# 10 奖　　惩

10.1　突发事件应急处置工作实行责任追究制。

10.2　工会主席对突发事件应急管理工作中做出突出贡献的先进集体和个人要给予表彰和奖励。

10.3　对迟报、谎报、瞒报和漏报突发事件重要情况或者应急管理工作中有其他失职、渎职行为的，依法对有关责任人给予行政处分与经济处罚；构成犯罪的，依法追究刑事责任。

# 11  附　　则

## 11.1  术语和定义

11.1.1  突发事件：指突然发生，造成或者可能造成人员伤亡、电力设备损坏、电网大面积停电、环境破坏等危及电力企业、社会公共安全稳定，需要采取应急处置措施予以应对的紧急事件。

11.1.2  应急预案：指针对可能发生的各类突发事件，为迅速、有序地开展应急行动而预先制定的行动方案。

11.1.3  危险源：指可能导致伤害或疾病、财产损失、环境破坏、社会危害或这些情况组合的根源或状态。

11.1.4  风险：指某一特定突发事件发生的可能性和后果的组合。

11.1.5  预警：指为了高效地预防和应对突发事件，对突发事件征兆进行监测、识别、分析与评估，预测突发事件发生的时间、空间和强度，并依据预测结果在一定范围内发布相应警报，提出相应应急建议的行动。

11.1.6  突发事件分级：指根据突发事件的严重程度和影响范围所确定的事件等级。

11.1.7  应急响应分级：指针对事故危害程度、影响范围，结合本公司控制事态和应急处置能力。

## 11.2  应急预案备案

本预案按照要求向所在省（直辖市、自治区）安全生产应急救援指挥中心、国家能源局监管办公室等上级单位备案。

## 11.3  维护和更新

本预案自发布之日起至少三年修订一次，有下列情形之一及时修订，修订后按照报备程序重新备案：

11.3.1  公司生产规模发生较大变化或进行重大调整。

11.3.2  公司隶属关系发生变化。

11.3.3  周围环境发生变化，形成重大危险源。

11.3.4  依据的法律、法规和标准发生变化。

11.3.5　应急预案评估报告提出整改要求。

11.3.6　上级有关部门提出要求。

## 11.4　制定与解释

本预案由 ××公司安全监察部负责解释。

## 11.5　应急预案实施

本预案自发布之日起执行。

# 12　其　他

## 12.1　应急组织体系

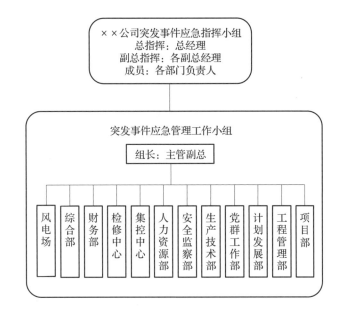

## 12.2　应急信息报告和应急处置流程图

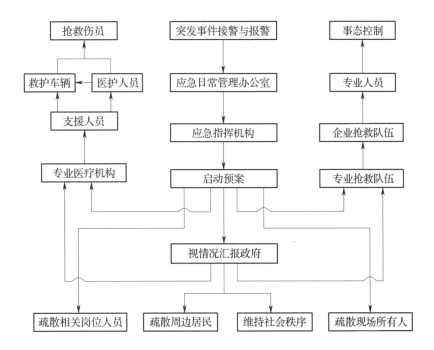

## 12.3　电力事故（事件）即时报告单

| 序号 内容 | | 报告内容 | | |
|---|---|---|---|---|
| 1 | 报告类型 | 事故报告□ | 事件报告☑ | |
| 2 | 填报时间及方式 | 第1次报告□ | 后续报告☑ | |
| | | 第1次报告时间 | 年　月　日　时　分 | |
| 3 | 企业名称、地址及联系方式 | 企业详细名称 | | |
| | | 企业详细地址 | | |
| | | 企业联系电话 | | |
| | | 上级主管单位名称 | | |
| | | 在建项目 | 建设单位名称 | |
| | | | 施工单位名称 | |
| | | | 设计单位名称 | |
| | | | 监理单位名称 | |
| 4 | 事故或事件经过 | 发生时间 | 年　月　日　时　分 | |
| | | 地点（区域） | | |
| | | 事故（或事件）类型 | | |
| | | 初判事故等级 | | |
| | | 简要经过 | | |
| 5 | 损失情况 | 人身伤亡情况 | 死亡人数 | |
| | | | 失踪人数 | |
| | | | 重伤人数 | |
| | | 电力设备、设施损坏情况 | | |
| | | 停运的发电（供热）机组数量、电网减供负荷或者发电厂减少出力的数值、停电（停热）范围，停电用户数量等 | | |
| | | 其他不良社会影响 | | |
| 6 | 原因及处置恢复情况 | 原因初步判断 | | |
| | | 事故或事件发生后采取的措施、电网运行方式、发电机组运行状况以及事故（或事件）的控制或恢复情况 | | |
| 7 | 其他情况 | | | |
| 8 | 填报单位 | | 填报人 | 填报人联系方式 |

注：1. 事故（或事件）类型：电力生产人身伤亡事故、电力建设人身伤亡事故、电力事故（或事件）、设备事故（事件）。

2. 初判事故等级：一般、较大、重大和特别重大。事件信息不填报事故等级。

3. 境外电力工程建设和运营项目发生较大以上人身伤亡事故的，填写本表。

4. 本页填报不完的可另附页。

## 12.4　应急响应程序流程图

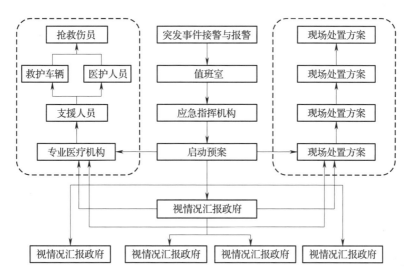

## 12.5　外援队伍

周边居民救援人员

当地消防中队

当地中心医院

当地电业局

## 12.6　应急物资储备清单

12.6.1　物资清单

| 序号 | 设备名称 | 单位 | 数量 | 存放地点 | 备注 |
|------|----------|------|------|----------|------|
| 1 | 编织袋 | 条 | 100 | 风电场 | |
| 2 | 绳索 | 米 | 200 | 风电场 | |
| 3 | 木架杆 | 根 | 50 | 风电场 | |
| 4 | 潜水泵 | 台 | 2 | 风电场 | |
| 5 | 输水管 | 米 | 200 | 风电场 | |
| 6 | 软电缆 | 米 | 200 | 风电场 | |
| 7 | 雨衣 | 套 | 50 | 风电场 | |
| 8 | 雨靴 | 套 | 50 | 风电场 | |
| 9 | 铁锹 | 把 | 50 | 风电场 | |
| 10 | 雨布 | 平 | 100 | 风电场 | |
| 11 | 塑料布 | 米 | 200 | 风电场 | |

12.6.2　医疗设备及物品清单

12.6.2.1　备用药品

| 序号 | 药品名称 | 序号 | 药品名称 |
|---|---|---|---|
| 1 | 盐酸肾上腺素注射液 | 23 | 盐酸胺碘酮注射液 |
| 2 | 盐酸异丙肾上腺素注射液 | 24 | 盐酸普鲁帕酮（心律平）注射液 |
| 3 | 尼可刹米（可拉明）注射液 | 25 | 氢溴酸山莨菪碱（654.2）注射液 |
| 4 | 盐酸洛贝林注射液 | 26 | 氯解磷定注射液 |
| 5 | 重酒石酸间羟胺（阿拉明）注射液 | 27 | 10% 葡萄糖注射液 |
| 6 | 盐酸多巴胺注射液 | 28 | 10% 氯化钾注射液 |
| 7 | 盐酸多巴酚丁胺注射液 | 29 | 50% 葡萄糖注射液 |
| 8 | 硝酸甘油注射液 | 30 | 0.9% 氯化钠注射液 |
| 9 | 盐酸纳洛酮注射液 | 31 | 5% 葡萄糖注射液 |
| 10 | 地西泮（安定）注射液 | 32 | 硝酸甘油片 |
| 11 | 毛花苷丙（西地兰）注射液 | 33 | 硝苯地平片 |
| 12 | 呋塞米（速尿）注射液 | 34 | 甲氧氯普胺注射液（胃复安） |
| 13 | 盐酸哌替啶（杜冷丁）注射液 | 35 | 25% 硫酸镁注射液 |
| 14 | 盐酸吗啡注射液 | 36 | 缩宫素（催产素）注射液 |
| 15 | 氨茶碱注射液 | 37 | 鲁米那 |
| 16 | 脑垂体后叶素注射液 | 38 | 706 代血浆 |
| 17 | 硫酸阿托品注射液 | 39 | 立止血 |
| 18 | 长托宁注射液 | 40 | 氧氟沙星注射液（急救不常用） |
| 19 | 止血敏 | 41 | 诺氟沙星胶囊（急救不常用） |
| 20 | 地塞米松硫酸钠注射液 | 42 | 平衡盐液 |
| 21 | 20% 甘露醇注射液 | 43 | 烧伤膏（急救不常用） |
| 22 | 盐酸利多卡因注射液 | 44 | 84 消毒液（急救不常用） |

### 12.6.2.2　备用医疗及救援设备

| 序号 | 设备名称 | 序号 | 设备名称 |
| --- | --- | --- | --- |
| 1 | 救护设备 | 5 | 雨伞 |
| 2 | 急救担架 | 6 | 防毒面具 |
| 3 | 铺单 | 7 | 防护服 |
| 4 | 帐篷 | 8 | 隔离衣 |